动物王国探秘

珍奇动物

谢宇　主编

花山文艺出版社

河北·石家庄

图书在版编目（CIP）数据

珍奇动物 / 谢宇主编. —— 石家庄：花山文艺出版社，2013.4（2022.2重印）
（动物王国探秘）
ISBN 978-7-5511-0894-2

Ⅰ. ①珍… Ⅱ. ①谢… Ⅲ. ①珍稀动物－青年读物②珍稀动物－少年读物 Ⅳ. ①Q95-49

中国版本图书馆CIP数据核字(2013)第080221号

丛 书 名：动物王国探秘
书　　名：珍奇动物
主　　编：谢　宇
责任编辑：冯　锦
封面设计：慧敏书装
美编编辑：胡彤亮
出版发行：花山文艺出版社（邮政编码：050061）
　　　　　（河北省石家庄市友谊北大街 330号）
销售热线：0311-88643221
传　　真：0311-88643234
印　　刷：北京一鑫印务有限责任公司
印　　张：新华书店
开　　本：880×1230　1/16
印　　张：10
字　　数：170千字
版　　次：2013年5月第1版
　　　　　2022年2月第2次印刷
书　　号：ISBN 978-7-5511-0894-2
定　　价：38.00元

前　言

　　动物是生命的主要形态之一，已经在地球上存在了至少5.6亿年。现今地球上已知的动物种类约有150万种。不管是冰天雪地的南极，干旱少雨的沙漠，还是浩渺无边的海洋、炽热无比的火山口，它们都能奇迹般地生长、繁育，把世界塑造得生机勃勃。

　　但是，你知道吗？动物也会"思考"，动物也有属于自己王国的"语言"，它们也有自己的"族谱"。它们有的是人类的朋友，有的却会给人类的健康甚至生命造成威胁。"动物王国探秘"丛书分为《两栖爬行动物》《哺乳动物》《海洋动物》《鱼类》《鸟类》《恐龙家族》《昆虫》《动物谜团》《珍奇动物》《动物本领》十本。书中介绍了不同动物的不同特点及特性，比如，变色龙为什么能变色？蜘蛛网为什么粘不住蜘蛛？鲤鱼为什么喜欢跳水？……还有关于动物世界的神奇现象与动物自身的神奇本领，比如，大象真的会复仇吗？海豚真的会领航吗？蜈蚣真的会给自己治病吗？……

　　为了让青少年朋友对动物王国的相关知识有更好的了解，我们对书中的文字以及图片都做了精心的筛选，对选取的每一种动物的形态、特征、生活习性及智慧都做了详细的介绍。这样，我们不仅能更加近距离地感受到动物的迷人、可爱，还能更加深刻地感受到动物的智慧与神奇。打开丛书，你将会看到一个奇妙的动物世界。

　　丛书融科学性、知识性和趣味性于一体，不仅可以使青少年学到更多的知识，而且还可以使他们更加热爱科学，从而激励他们在科学的道路上不断前进、不断探索！同时，丛书还设置了许多内容新颖的小栏目，不仅能培养青少年的学习兴趣，还能开阔他们的视野，扩充他们的知识量。

编者

2013年3月

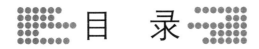

水生珍奇动物

丛林珍奇动物

草原、荒漠珍奇动物

水生珍奇动物

海 豚

　　尽管海豚聪明伶俐，与人为善，但有的地方还是在不断地捕杀海豚。我国南方的渔村就有捕杀海豚的习惯。初春，大批洄游海豚从澎湖列岛附近经过，历史上的澎湖县的员贝岛村和沙港村的村民，每年这个时候都会联合起来出海围捕海豚。一旦发现海豚的踪迹，两个村的渔船便会迅速地集合起来，在海上"一字"排开，从外海向岸边推进。同时，渔民们使劲用竹篙敲击水面，驱赶海豚向沙港村的内港游来。随着海水逐渐变浅，进入内湾的海豚就像进入了口袋一样，当海豚发现自己面临绝境时，便掉头向外海冲去，在海

上掀起波浪。这时渔民们就会开始奋力堵截，站在岸上的人也拼命地呐喊助威，不一会儿，吓得晕头转向的海豚就会稀里糊涂地冲上海滩。离开水后，海豚就只能任人宰割。就这样，渔民每年可以捕获几十条甚至数百条海豚。在捕获海豚的季节，很多游人都会前来围观。过去，这里有一个传统，就是在捕海豚的时候，凡是在场呐喊助威的人，都可以分得一份海豚肉。但后来，由于游人增多，这个不成文的规定也就取消了。

在澎湖捕到的海豚，多为"瓶鼻海豚"。这种海豚聪明乖巧，很会表演，因而受到海洋公园的热烈欢迎。它们的食量不大，每天只吃5千克左右的鱼，仅为其他海豚食量的1/3。

香港海洋公园的海豚多来自澎湖。现在澎湖已经建立了一座"世界海豚研究中心"，专门训练海豚。工作人员从渔民手中买回海豚进行挑选，把那些怀孕的母海豚和那些身体笨重的海豚挑出来，做上记号然后放回大海。留下的海豚占总收购量1/3，这些海豚经过训练便成为水族馆的演员，然后再被卖到世界各地，为游客表演节目。

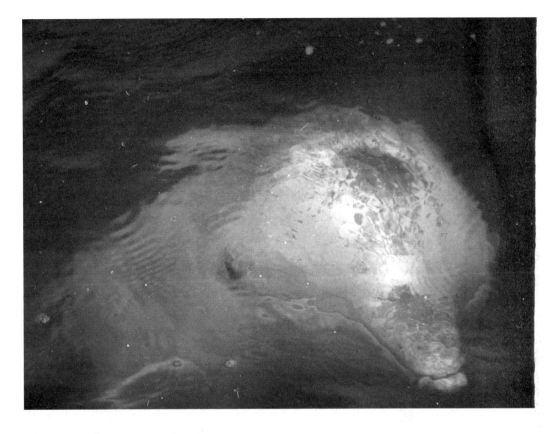

中华白海豚

　　1637年，探险家彼得文迪途经香港、澳门和珠江口水域时，发现"海豚百余，呈牛奶白或淡红色"，这是世界上首次有关中华白海豚的报道。1757年，瑞士人奥斯北目睹了中华白海豚在其船前嬉戏、游玩的情景，并将其命名为"中华白海豚"。

　　中华白海豚是世界上最为濒危的海洋生物之一，也是中国海洋鲸豚中唯一的国家一级保护野生动物，和淡水中的白鳍豚、陆上的大熊猫及华南虎等都属同一保护级别，因此被人们称为"海上国宝""海上大熊猫"。在厦门，中华白海豚多在春天接近妈祖生日时来到九龙江水域，渔民便认为成群结队游来的中华白海豚是为朝拜妈祖而来，因此称其为"妈祖鱼"。同时，又因为它们出现的时候，一般都风平浪静且没有咬人的鲨鱼出现，所以又被称为"镇江鱼"。

中华白海豚体长2.2~2.5米，体重约235千克，身体浑圆，呈优美的流线型，眼睛乌黑发亮。每年的6~7月是中华白海豚的繁殖期，雌豚的怀孕期为10个月左右，于次年的3~4月产仔。初生的小海豚重约10千克，长约90厘米，通常一胎1仔，哺乳期为6个月，中华白海豚平均寿命高达50岁。中华白海豚出生时，全身为深灰色，随着身体的逐渐长大，体色也会发生明显的变化，通常由背鳍开始，向头尾两边褪减，到成年时就变成白色或粉红色，十分漂亮、迷人。

清朝初年，在广东珠江口一带，中华白海豚被称为"卢亭"，也有渔民称之为"白忌"和"海猪"。由于中华白海豚相当珍稀，再加上其地域分布的特点，所以其被定为九七香港回归的吉祥物。在香港庆祝回归委员会的成立典礼上，台上悬挂的大型会徽格外引人注目：一头卡通式的中华白海豚一跃而起，溅起朵朵浪花，象征着喜悦与欢庆，中间是香港特别行政区区旗，区徽的主要组成部分为配有五颗星的紫荆花，显示着香港同胞广阔的胸怀。选择中华白海豚作为回归吉祥物，是因为它们不仅是海洋里的珍稀动物，且名字中含有"中华"二字，并每年都会游回珠江口等地繁殖后代，具有不忘故土、热爱家乡的品质，而香港是中国不可分割的一部分，理应回到祖国的怀抱。

中华白海豚性情活泼，多栖息在岸边较浅的水域，很少会游入深海，并会在不同的地方进行不同的活动：休息或游玩时，它们会聚集在靠近沙滩的海湾；捕食时，它们会出现在浅水及岩石较多的地方，有时多达20头，尤其是在拖网渔船操作时，常有很多中华白海豚跟随渔船，抢食漏网之鱼，更有胆大包天者会直接钻入网内，饱餐一顿，然而这往往要付出惨重的代价：不是被渔网缠住就是被捕到船上。但每年有多少中华白海豚被误捕或因误捕而致死，目前还缺乏完整的资料。

中华白海豚的食物主要是生活在海湾的小动物，如鲻科和石首鱼科的鱼

类、乌贼和虾类等，在黎明和黄昏活动较频繁。

中华白海豚以前在长江口以南至北部湾都有分布，20世纪60年代在厦门港随时可见。20世纪80年代以后，渔船捕捞、海上工程以及水质污染等，对中华白海豚的生存构成了严重的威胁。目前该海域的中华白海豚已不足100头。为了保护中华白海豚，香港特别行政区政府在龙鼓洲水域首先建立了海岸公园保护区。与此相呼应，1997年8月，作为中华白海豚的主要栖息地之一的福建省厦门市，也建立了一个总面积为5 500平方千米的以保护中华白海豚为主的自然保护区。

白鳍豚

白鳍豚也叫"扬子江豚",渔民多简称为"白鳍"或"白旗"。体长2米左右,体重100~200千克。雌豚略小于雄豚;吻部狭长,长0.3米,长有130多枚圆锥形的牙齿。前额呈圆形隆起,称为"额隆"。白鳍豚皮肤光滑细腻,背面呈浅灰蓝色,腹面颜色洁白。鳍上下两面的颜色分别与背面和腹面的颜色一致,这是长期适应浑浊的江水环境的结果。从水面向下看时,由于水的透明度小,光线暗淡,背部灰色的皮肤和江水混为一体,很难被发现,如果从水底往上看,白色的腹部和水面强烈的光线交织,也很难发现它们的存在,这样它们就可以逃避敌害,也比较容易接近猎物。

白鳍豚的眼睛只有绿豆粒大小,已经退化,位于嘴角的后上方。耳朵是一个只有针眼大小的洞,位于眼的后方,外耳道已经消失。没有鼻子,嗅觉也已退化。在江水中联系同类、趋避敌害、识别物体和探测食物等,完全依靠它们发出的声呐信号。

白鳍豚是非常聪明的动物,有人认为它们的智力要高于黑猩猩和长臂猿等类人猿,它们的大脑十分发达,沟

回复杂，而且，大脑两个半球还能轮流休息。它们的声呐系统更是极为灵敏，其上呼吸道有3对功能奇异的气囊和一个像鹅头一样的喉，没有声带，却有着独特的发声和接收回声定位的组织，能在水中发出不同的声音，频率多在超声范围内。它们所发出的信号，大体可以分成3类：第一类是通信联

络的信号，其持续时间为0.26秒左右，把这种信号的录音放慢几倍，听起来就像是老虎和狮子的吼叫声，因此称为"啸叫声"；第二类是回声定位信号，是它们的探测信号，持续时间极短，人耳不能直接听到；第三类是表达情绪的信号，持续时间长短不一，人耳可以直接听到。

白鳍豚的繁殖期分别在每年的3~5月和8~10月，求偶时，雄豚从雌豚后方接近，交配时，双方腹部紧贴，头部朝水中猛扎，双尾重叠露出，摆动数次后，头挨头紧贴出水。雌豚的孕期为10~11个月，每隔1年才生一胎，一胎仅产1仔，繁殖率较低。

白鳍豚的游泳速度很快。它们常常在水面上嬉戏、翻筋斗、互相追逐，它们大部分时间都是在水下度过的，包括在珊瑚礁周围游泳。它们喜欢江湖相汇、河水流动、鱼类丰富的地区。白鳍豚主要以鲤鱼为食。

保护存活的白鳍豚，意味着拯救一种趋于灭绝的动物物种。白鳍豚对研究水生哺乳动物的进化及其与其他水生动物、生态环境之间的关系，有十分重要的意义。通过长期的观察和研究，了解白鳍豚的语言，就像研究鸟类的语言一样，也是科学研究的一

个重要课题。了解动物的语言，将为彻底了解动物提供便利。白鳍豚的皮肤具有特殊的生物学和生理学特征，这对研究和应用水声学、水生生物学、仿生学都有极大的价值。

白鳍豚自然保护区位于湖北省洪湖市，面积为135平方千米。区内小河密布，沿着长江蜿蜒而流，这里的生态环境十分适合白鳍豚生存。白鳍豚自然保护区建立于1988年，是白鳍豚的庇护地。白鳍豚是中国特有的珍稀水生哺乳动物之一，也是世界上幸存的4种淡水豚之一。中国关于白鳍豚的描述，可以追溯到两千多年以前。遗憾的是，现在只

有在长江的中下游才能看到白鳍豚，其种群数量也只有不到100头。因此，世界自然保护联盟认为，它们是世界上最为濒危的动物之一，因此被称为"活化石""水中的大熊猫"，也叫作"国宝"，是我国一级保护动物。

长江水面上漂浮着死亡的白鳍豚的情况时有发生。1986年，长江里有大约300头白鳍豚。但到了1993年，其数量下降为150头。最近的调查显示，目前只有不到100头白鳍豚了。一些中国科学工作者认为，如果不及时采取必要的抢救与保护措施，白鳍豚将会很快灭绝。

江 豚

　　江豚分布于西太平洋、印度洋、日本海及我国沿海等热带、暖温带水域。江豚体长1.2~1.9米，体重100~220千克，头部较短，近似圆形，额部微向前凸出，吻部短而阔，上下颌的长度几乎相当，牙齿短小，左右侧呈扁铲形。江豚眼睛较小，不明显，身体中部粗圆，尾鳍较大，分为左右两叶，呈水平状，全身为蓝灰色或瓦灰色，腹部颜色浅亮且分布有一些形状不规则的灰色斑，唇部和喉部为黄灰色。

　　江豚喜欢单独或成对活动，它们性情活泼，常在水中不停地做着跳跃、翻滚、喷水、点头、突然转向等动作。每当江中有大船行驶时，江豚就喜欢紧跟其后顶浪或乘浪起伏。它们还有有趣的吐水行为，时常将头部露出水面，一边快速地向前游进，一边将嘴一张一合，并不时从嘴里喷水，有时可将水喷出60~70厘米远。

　　当江豚发现猎物后就会向前猛冲，接着快速转体。用尾叶击水、搅水，驱赶鱼

群使其惊散，接着快速游动，迅速接近猎物，之后头部灵活地转动、摆动以便准确定位并咬住猎物。咬住猎物后，它会将鱼头调整为正对着咽喉的方向快速吞下，然后再进行下一次捕食，有时也将数条较小的鱼都衔在口中后再一次吞下。

江豚的交配从雄江豚和雌江豚之间的热烈追逐开始到交配结束，一般需要30~60分钟的时间。雌江豚每年10月生产，每胎产1仔。雌江豚有明显的保护、帮助幼仔的行为，表现为驮带等方式，非常有趣。驮带时，幼仔的头部、颈部和腹部都紧贴着雌江豚斜趴在其背部，呼吸时幼仔和雌江豚相继露出水面。雌江豚的母性极强，如果幼仔不幸被捕，雌江豚往往不忍丢弃幼仔，因此也常常在这个时候同时被捕。

江豚的经济价值非常高，因此其被捕杀的数量与日俱增，再加上过度捕捞、航运业、水利设施的建设和水体污染等情况的不断增加，江豚也面临着与白鳍豚同样的灭绝威胁。值得庆幸的是国家相关部门意识到这一问题并立即采取了有效的保护措施，使江豚的数量有所回升。更为可喜的是，长江的过往船只纷纷为江豚主动让道，唯恐江豚受惊，说明人们保护野生动物的自觉意识正在逐步提高。

灰　鲸

灰鲸是世界上现存最古老的鲸类，属于鲸目灰鲸科，本科仅此一种。灰鲸原本在北太平洋及北大西洋皆有分布，但北大西洋的种群由于人类的过度捕猎，已于17～18世纪间灭绝。1946年，国际捕鲸委员会宣布禁捕

灰鲸，我国在1980年成为国际捕鲸委员会的缔约国之后，将灰鲸列为国家二级保护野生动物。

灰鲸的主要特征是：身体呈斑驳的灰色，常常满身都是瘢痕，又因为有许多的藤壶及鲸虱寄生，所以身体常缀有一块块白色或橘黄色的块状物，也有人称它们是"灰色的沿岸游泳者"。灰鲸没有背鳍，头呈"V"字形，喷气孔位于头顶的浅凹处，它们喷出的雾柱又矮又粗，深潜时可达3～4.5米。灰鲸腹面没有喉腹褶，但喉部有2～7条凹槽，约有140～180枚鲸须，呈黄白色，其胸鳍小，呈桨状，末端尖锐，雄性个体最大体长为14.6米，雌性为15米。

目前，灰鲸仅存于北太平洋，分为两个种群：一为东侧的加州种群，洄游路线为墨西哥加利福尼亚半岛的南方繁殖区至阿拉斯加的白令海、楚科奇海及波弗特海西部的摄食区之间。该种群经过数十年的保护，资源量已接近历史的最高水平，达两万头左右。另一种群为西侧的朝鲜种群，有的学者曾认为该种群可能已经灭绝，后根据在中国和日本的搁浅记录和海上观察的结果，证明该种群尚未灭绝，目

前此种群是极为濒危的鲸类种群之一。朝鲜种群数量最多时也不到110头，而且这个种群的灰鲸肩胛骨隆起，颈部变窄，身体异常消瘦。

灰鲸是哺乳动物中迁徙距离最长的种类，迁徙距离长达10 000~22 000千米。灰鲸在每年的4~11月往北迁徙至白令海峡水域，往返于阿拉斯加与西伯利亚之间的海岸附近。此时水温、光照都较适宜，食物丰富，灰鲸可以尽情享受美餐，以便在寒冷的冬季来临之前，在自己的皮下积累一层厚厚的脂肪。每年12月至次年4月灰鲸开始南移，穿过阿留申群岛，沿着北美洲大陆沿岸南下，平均每天行进大约185千米，到达它们冬天的乐园——水温较高、光照充分的加利福尼亚半岛的西侧以及加利福尼亚湾的南侧。这时，正值它们的恋爱季节，也是最佳的繁殖时期，成年鲸在繁殖区进行交配，经过12~13个月的怀孕期，雌鲸就生下单胎的小灰鲸。刚出生的仔鲸全身呈暗灰色，体重约500千克，体长4~5米。由于灰鲸母奶中的脂肪含量为55%，所以幼鲸的成长速度非常快。灰鲸的哺乳期约为9个月，一头雌鲸大约每隔一年才能繁殖一次。在温暖的水域，鲸的食物通常比较匮乏，因此成年鲸会在生育时禁食，等待幼鲸长大，再带着它踏上北上之路去觅食，但路线与南下时不同，从夏季的索饵场所到冬季的繁殖场所之间的往返距离大约为18 000多千米。

灰鲸虽然体型庞大，但性情却很温顺，从不伤人。一些灰鲸特别喜欢发出一种"哼哼"声，每小时大约发出50次左右，每次持续2秒钟左右，频率范围在20~200赫兹之间，强度可达160分贝。人们对它们发声的原因尚不清楚，有人认为是它们利用回声定位或者群体成员之间交流的信号，也有人认为是对暴风雨、地震等自然现象的本能反应，也有可能是它们对于"失恋"的叹息，或者是一种愤懑和发泄。

蓝　鲸

　　蓝鲸属于须鲸类，是世界上最大的动物。至今，人类捕获的最大一头蓝鲸身长34米，体重170吨，其力量相当于一个中型的火车头。蓝鲸的肺活量有1 500升，呼吸时从鼻孔中冲出的强有力的气流能将附近的海水喷起，于是蓝色的海面上便出现了一条条白色的水柱，景象煞是壮观，航海的人称其为"喷潮"。

　　蓝鲸没有牙齿，但有几百块角质的须板，须板上长满了一排排密密的鲸须。其肚子里还有许多密密的皱褶，进食的时候只要张开大嘴让海水流进嘴里，然后闭上嘴巴将海水从须缝中压出去，水中的一些小鱼、小虾和其他的浮游生物就被过滤留在嘴中，然后被吞到肚里。蓝鲸的食量很大，一天可以吞食4~5吨虾、小鱼和其他浮游生物。蓝鲸有着厚厚的脂肪，厚度可达40~50厘米，就像一层大棉被，所以蓝鲸不怕冷，它们喜欢生活在温度较低且食物丰富的南极海区。

　　每到夏季，南极海域里就挤满了磷虾，远远望去，磷虾把数百万平方海里的海水都染成了红棕色，可以说，这个时节是蓝鲸最幸福的日子。经过长途旅行的蓝鲸，差不多8个月都没有吃饱了，所以它们一回到南极，便尽情地吞食着美味的小磷虾。一头蓝鲸在南极一个夏天的生活中，体重可增长数吨，而此时雌鲸肚子里的小鲸也孕育成熟了。由于小鲸的身体缺少厚厚的脂肪保护层，无法抵

动物王国探秘

御极地的严寒，所以夏季一过，雌鲸就得离开南极，到温暖的海区去产仔。

蓝鲸可以算是忠于爱情的典范，一对蓝鲸从结为夫妻的那一天起便终生不再分离。当雌鲸不得不离开食物丰富的南极海域时，雄鲸也会义无反顾地陪伴在它身边。经过上千海里的长途旅行，在接近冬天的时候，它们就会到达一个温暖的冬季宿营地。在这里，蓝鲸夫妇满怀期待地迎接它们孩子的出世。这里的海水非常温暖，尽管食物不是很丰富，但偶尔也可以饱餐一顿。当雌鲸感到腹中在不断地阵痛和抽动时，它会赶紧将雄鲸呼唤到身边，这时的雄鲸既温柔又体贴，它不断地围绕着雌鲸游动，希望能减轻雌鲸的痛苦。最后，雄鲸小心翼翼地帮雌鲸翻过身来，使它的肚皮朝上，这样能使雌鲸感觉舒服一些。当然，雄鲸一刻也不离开将要产仔的雌鲸，也是为了安全。因为当雌鲸在生产时，总会引来鲨鱼等不速之客。而将要产仔的雌鲸则毫无防护能力，所以，雄鲸的任务就是保护雌鲸安全生产。

蓝鲸的出生方式跟人类的出生方式不一样，人类出生时婴儿是先露出头，再逐渐露出全身。而小蓝鲸在出生时则是先露出尾巴，再露出全身。如果头部先出来的话，那么，从脱离胎盘到离开母体浮上水面进行第一次呼吸的这段时间里，幼鲸将会被海水淹死。

小蓝鲸生下来就有近7米长，重2~3吨。在双亲的托扶下，它的小脑袋一探出海面，便会深深地吸一口气，并喷射出一股数米高的水柱。开始的时候，小蓝鲸不会游泳，也不会通过呼吸来扩张自己的胸腔获得浮力，所以，这个时候如果没有父母的扶持，它就会沉到海底并丧命。时间一天天过去，幼鲸在父母的保护和喂养下逐渐长大。母鲸的乳汁浓郁而丰厚，富含营养成分。幼鲸贪婪地吮吸着母亲的乳汁，一口气能喝几十千克。幼鲸生长的速度很快，一天能长数百千克，一星期后小鲸即可长到4吨左右。如此巨大的幼体完全靠母亲的乳汁喂养成长，在动物界中是极为罕见的。6个月后，它们才会自己捕食鱼虾，这一时期幼鲸除了长身体外，还将跟母亲学会游泳。

温暖的海水给蓝鲸一家带来了无限的欢乐和希望，但这里没有充足的食物供它们捕食。由于遭受饥饿和养育幼鲸的消耗，蓝鲸父母几乎耗尽了全部能量，这时它们最向往的地方就是南极了。春天来临的时候，幼鲸也长到了16米长左右，体重达17~18吨，可以进行长途旅行了。于是，蓝鲸一家就匆匆启程赶往南极去参加一年一度的"磷虾盛宴"。

蓝鲸除了会受到虎鲸的捕杀外，还会受到比虎鲸厉害数倍的敌人——人类的伤害。蓝鲸一年一度的生殖洄游也给它们自身带来了灾难。蓝鲸进食的时候往往对捕鲸船不防范、不躲避，所以，人类若想要捕获它们是非常容易的。1965年，世界上总共只剩下200多头蓝鲸。同一年，国际捕鲸委员会发布了禁止在南极捕杀蓝鲸的命令。可惜这种禁令并没有起到很好的效果，在南极以及南极以外地区的捕鲸现象仍时有发生。现在，由于生物学家和环境保护学家的强烈呼吁，加强了对蓝鲸的保护，蓝鲸的数目已恢复到数万头。

抹香鲸

　　抹香鲸俗称"大鲸""真甲鲸""棺材头鲸"，是齿鲸类中体型最大的一种，长相奇特，头重尾轻，就像一只巨大的蝌蚪，尤其是雄性的头部特别大，占体长的三分之一左右，所以称其为"棺材头鲸"。抹香鲸主要分布于全世界的各大海洋中，大多数生活在赤道附近的温暖海域，极少数还能到达北极圈内的冰岛和格陵兰岛附近海域。在我国，抹香鲸生活在东海、黄海、南海和台湾海域。

　　抹香鲸雄性体长18~23米，体重可达60~100吨，雌性体长13~14米。身体的背面为暗黑色，腹面为银灰或白色，全身颜色有蓝灰色、乌灰色及黑色，只在口角后方有一块白色，体色随年龄而异，一般幼仔的体色较淡，以后逐渐加深，而老年又变为浅灰色，有时有花斑。其上颌和吻部呈方桶形，下颌虽然也强而有力，但比较细而薄，且前窄后宽。上颌骨及额骨与颞骨均向里凹，形成一个大槽，上面有皮肤覆盖，里面贮存着鲸蜡，使头顶隆起，有减小身体密度、增加浮力的作用。头骨的左右不对称，耳孔极小。上颌无齿或仅有10~16枚退化的齿痕，还有一些被下颌的牙齿

"刺出"的深洞，下颌窄而长，有20~28对圆锥形的狭长大齿，每枚齿的直径可达10厘米，长约20厘米。抹香鲸没有背鳍，后背上只有一系列像驼峰一样的嵴状隆起，里面富含脂肪，也起到了增大浮力的作用。它的鳍肢也不长，仅有100厘米左右。但尾鳍比较大，宽360~450厘米。

　　抹香鲸常结成5~10只，或者几十只甚至200~300只的群体活动，一般

是一雄多雌的群居生活。它们在海上有时会顽皮地互相嬉闹、玩耍，有时会一起围成一个圆圈，长时间躺在海面上酣睡。它们游泳的速度很快，在快速游进时，时速可达22千米。抹香鲸的潜泳能力也很强，将头露出海面吸足空气后，头部向下，尾部露出水面快速深潜，速度可达100多米每分钟。抹香鲸在水下潜伏的时间可达75分钟之久，因此被称为鲸类中名副其实的"潜水冠军"。

抹香鲸具有很高的经济价值，其脂肪能炼油，可供医用，也是制造肥皂、蜡烛以及青霉素、胰岛素和其他抗生素等药物的原料。抹香鲸的肝脏重达400千克，含有丰富的维生素A，相当于500万个鸡蛋或100吨高级黄油中维生素A的含量。抹香鲸皮的质地致密，纵横都很强韧，可用来做高级皮革。在它们巨大的头部上，有一个"鲸蜡器官"，其中可以提炼出一种无色透明的液体，内含蜡状物质，叫作"鲸蜡油"，过去人们误以为这种无色透明的液体是从鲸的脑子里流出来的，所以一直将其称为"鲸脑油"，其实它与鲸脑并没有关系。这种鲸蜡油接触空气后便会凝结成白色软蜡，可以用来做精密仪器的高级润滑油，在制作天文钟、高级手表，甚至发射卫星、火箭等方面都有极其重要的作用。

中华鲟

　　中华鲟俗称"鲟鱼""鳇鱼",被誉为"长江中的活化石",是中外瞩目的"稀世之珍",1988年被我国列为国家一级保护动物。

　　中华鲟的身体呈长棱形,嘴部呈梨形,端部尖,微微向上翘,口的前方长有2对短须,眼睛细小,眼后头部的两侧各有一个喷水孔,尾鳍歪形。成年中华鲟体长近4米,体重可达500多千克,平均寿命为30岁,幼体成熟需15年。中华鲟是淡水鱼类中最大、最长寿的鱼,居世界27种鲟鱼之冠。

　　中华鲟是一种海河间洄游性鱼类,平常生活在海洋中,而当它们即将产卵繁殖时,就会潜游于江底,上溯3 000多千米,到长江上游的四川江段至金沙江下游的江段进行产卵繁殖。繁殖后的中华鲟和初生幼鲟再顺流而下,到东海、黄海等海域去成长发育。葛洲坝水利枢纽建成以后,湖北宜昌成了新的产孵场,为此我国在宜昌建立了中华鲟人工放流站,以增加中华鲟数量。

　　中华鲟化石的地史记录最早发现于距今约1.4亿年前的白垩纪,是现代鱼类的共同祖先——古棘鱼类的一支后裔。

因此，它们对于研究地质、地貌变迁和生物演变规律等方面都具有重要的价值。中华鲟仅分布在中国，并且集中分布在长江流域，分布范围比较狭窄。2001年夏季，在长江上游水域消失了10多年的国家一级

水生保护动物——一条长60厘米、重1千克的2岁中华鲟出现在重庆市北碚嘉陵江段。这种被称为"水中大熊猫"的物种重现江湖，引起了环保专家及水生专家的高度重视。

1999年12月28~29日，"99十万中华鲟鱼苗世纪放游"活动在湖北宜昌举行。这次活动共向长江投放了10万尾长10厘米以上的中华鲟鱼苗，这是20世纪最大的长江水生生物保护工程。按照农业农村部的要求，每年春季在中华鲟流经的区域都要实行限制捕捞。此前，鱼苗流经的湖北、湖南、江苏及安徽段都已实行了限捕。在限捕期间，禁止渔船使用电力、网眼小于3厘米的密眼渔网捕鱼。误捕到中华鲟或其幼鱼的要及时放生，如果误捕到挂有放流标志牌的中华鲟，应当采取养护措施，并报告当地渔政部门登记，在测量以后放生。违反者将予以罚款，情节严重者还将追究刑事责任。

近年来的研究结果表明，由于对中华鲟采取了全面保护的措施，从而延缓了中华鲟资源衰退的速度，基本保全了溯河产卵亲体，中华鲟的物种数量目前已开始回升。

海 牛

　　2 000多年来，民间一直流传着有关"美人鱼"的传说，说是海里有一种神秘的动物，上半身像女人，下半身像鱼，并给其取名为"美人鱼"。它们在大海中自由游动，载沉载浮，破惊涛如履平地，驾骇浪似乘扁舟。我国古书上有关它们的记载也很多，南朝《述异记》中说："南海有鲛人，身为鱼形，能纺会织，哭时会掉泪。"宋朝的《祖异记》中甚至说有个叫查道的人还亲眼见过，在国外也有很多类似的传说。

　　其实传说中的"美人鱼"指的就是海牛类动物。全世界共有4种，包括栖于西半球的北美海牛、西非海牛，生活于亚马孙河中的亚马孙海牛及分布在我国南海及印度洋、太平洋周围的儒艮。它们均以海草等植物为食，因为其肉颇似牛肉，或许这便是称其为"海牛"的最大原因。

海牛体长2.5~4米，体重360千克左右。海牛的皮下储存着大量脂肪，有助于其在海水中保持体温。其前肢退化呈桨状鳍肢，没有后肢，但仍保留着一个退化的骨盆。海牛眼小，视觉不佳，听觉良好。

海牛通常生活在浅海及河口，仅少数种类（如南美海牛）栖息在河流中。其御敌能力不强，行动迟缓。每天吃27~45千克水草，因而浅海和河口的航道很少被水草堵塞。海牛的肉、皮和脂肪均可为人类所利用。海牛油是贵重的药材，与鳕鱼肝的药效相似，适于肺病患者及体弱者服用，疗效颇佳。海牛齿和骨可以做象牙雕刻的代用品。目前，海牛因人类滥捕而导致数量锐减，急需得到有效保护。

水　獭

　　水獭主要分布在欧亚大陆北部的大部分地区及非洲北部，在我国则主要分布于华北、华中、华南、西北、西南等地。水獭体长0.5～0.8米，体重5～14千克，雌性相对较小。水獭体表生有又粗又密的针毛，背部为暗褐色，腹部呈淡棕色，喉、颈、胸部近白色，迎着太阳时会反射出油亮的光泽。其身体细长，呈圆筒状，头部宽扁，吻短而不突出，鼻子小而呈圆形，上唇为白色，嘴角生有发达的触须，上颌裂齿的内侧有大型突起。眼小，耳也较小，呈圆形。四肢粗短，趾爪长且较锐利，后足趾间具蹼。尾长而扁平，长度几乎超过体长的二分之一。

水獭属于半水栖动物,在水流较缓、水的透明度较大、水生植物贫乏而鱼类较多的河流、湖泊、池塘、沼泽等淡水水域,尤其是两岸林木繁茂的小溪里都能发现它们的踪迹,也有的生活在沿海咸、淡水交界的地区以及靠近海岸的小岛上,它们还常常到海水中去捕鱼。

　　水獭大多掘洞而居,其巢穴筑在靠近水边的树墩、树根和灌木丛下,利用自然的低洼来筑巢。水獭的洞穴有好几个出入口,洞道向上倾斜,以防止水进入洞穴,但其中有一个洞口通到水下,开口在水下的1~3米处,水陆连通,不仅进出方便,而且有利于直接潜入水中觅食和躲避食肉兽类的袭击。它们白天隐匿在洞中休息,夜间出来活动,洞内以草做铺垫物,大小便也都有固定的地方。

　　水獭水性娴熟,善于游泳和潜水,柔软的身体和粗长的尾巴能减少其在水中运动的阻力,游进时前肢靠近身体,用后肢和尾巴打水推动身体前进,尾巴同时也起着舵的作用,使身体作波浪式起伏,姿态很像鳗鱼。它们游动的速度很快,每分钟可以游50多米,而且升降和转向也十分灵活,在水中忽前忽后,忽左忽右,翻滚自如,还喜欢像画圆圈一样游动,卷起水底的泥沙或水中的小鱼,遇到紧急情况时还会像海豚一样在水面上跳跃。水

獭在水下潜游可达4~5分钟，潜行的距离很远。

水獭主要以鱼类为食，常会将捉到的鱼托出水面后再慢慢享用。它们喜欢从岸边或河崖上潜入水中追逐鱼群，

但最常用的狩猎方法是伏击，尤其是在冬季，它们常常躲在冰窟窿里，等待鱼游过来时再突然冲出去捕食。当发现水鸟在水面上缓慢游动时，它们也会从水下悄悄靠近，然后冷不防地一口咬住猎物，再慢慢吃掉。但是如果水中杂物较多或水草丛生，鱼群就可以藏匿其中，从而加大了水獭的捕食难度，所以在我国南方的一些养鱼池塘中，常投放一些松枝在水中，以防止水獭等盗食。

水獭一年四季都能繁殖，但主要在春季和夏季。繁殖季节的雄性一反常态，为了争夺配偶常常相互争斗，食欲也大大减退，并且大声嘶叫。交配在水中进行，但雌性却在巢穴的草上产仔。雌性的怀孕期大约为2个月，一般在冬季产仔，每胎产1~5仔。幼仔3个月后开始独立生活，3岁时成年，寿命一般为15~20年。

银龙鱼

银龙鱼别名"银船鱼""银带鱼""龙吐珠鱼"，原产于南美洲亚马孙河流域，是一种古老的鱼类，具有极高的观赏价值和学术价值。在亚马孙河里自由生活的银龙鱼，当见到水面上方的枝条上面停有昆虫时，就会从水中猛然跃出，并将自己的长舌射向目标，多数猎物都无法逃脱，所以当地人也称其为"箭鱼""四眼鱼"。自然条件下，银龙鱼以小型鱼类等为食，摄食量大，昆虫、小鱼虾、金鱼、肉块等都是它们的美食。

银龙鱼的身上长有硕大的鳞片，全身银光闪闪。它们的触须细长，曲线柔美流畅，神态优雅，就像神仙一样。其高贵而神秘的气质都神似传说中的龙，所以大家给它们起了个好听的名字，叫"银龙鱼"。

银龙鱼身体侧扁，呈长带形，尾呈扇形，背鳍和臀呈带形，向后延伸至尾柄基部。眼睛接近头顶。口裂大而下斜，下颚凸出，并长有一对短须，体两侧各有5排大圆鳞片，鳞片之大为热带鱼中绝无仅有，尾部鳞片相对而小。幼鱼体色微泛青色。

银龙鱼喜欢弱酸性或中性软水，属卵生动物，雄鱼在繁殖期的胸略尖长，呈深红色，雌鱼腹部膨胀。产卵结束后，雄鱼会将受精卵全部含在口中进行孵化，约1个月后，雄鱼口中的受精卵就能孵化出带卵黄囊的仔鱼，再经8天左右，仔鱼就可以游动、觅食。银龙鱼5~6年才能成年，寿命一般为18年。

射 水 鱼

静静的小河里，溪水欢快地流淌着，岸边水草丛生，美丽万分、调皮爱动的射水鱼，在水中悠闲自在地游来游去。突然，一只小虫子停在了岸边水草的茎叶上，被机灵的射水鱼发现了。只见它快速地摆动着鱼鳍，靠近目标后，立即撮尖了嘴，从口中吐出一股"水弹"，向昆虫迅速喷去，昆虫被"水弹"击落水中，被射水鱼一口吞下。

更让人惊叹的是，"水弹"还能散射成许许多多的小水弹，这样，目标就更容易被击中了。射水鱼的本领高超，它们能把水射到3米多高，距离它们30厘米内的小飞虫是很难逃脱的。它们不仅能把蝴蝶、苍蝇等小昆虫击落，还能击伤人的眼睛。所以，射水鱼是当之无愧的"神枪手"。

那么，射水鱼射击的秘密在哪里呢？

原来，它们的口腔构造非常特殊，口腔上颚有一个沟状结构，同舌头一起形成了"射管"，舌头快速地上下运动，"水弹"就被喷射出来了。

同时，射水鱼的眼睛长得很特别，非常大并且突出在外，灵活转动时，视野广阔，两眼的视野配合得也十分适当。它们的眼白上还有一条条不断转动的竖纹，在水面上游动时，不仅能够看到水面上的东西，还能看清一般鱼类看不到的空中物体，并能准确瞄准。更有趣的是，它们的眼睛可以自动调节光线折射的偏差。太阳光透过空气进入水里，会发生折射。射水鱼在瞄准目标时，会自动调整光线折射时的误差。在喷射水弹时，它们会让自己的身体与水面垂直，眼睛离水面特别近，发射的"水弹"几乎是垂直的，因此就克服了光线折射的偏差。

　　武器专家根据射水鱼眼睛的特点，按照它们发射水弹的原理，对潜水艇的发射装置进行了改进，从而大大提高了在潜水艇上发射导弹的精确度。

娃 娃 鱼

在我国长江、黄河及珠江中下游的山川溪流中，生活着世界上最大的两栖动物——大鲵，它们也是我国特产的珍稀动物。大鲵发出的声音如婴儿啼哭，所以大家习惯称其为"娃娃鱼"。娃娃鱼的祖先生活在距今大约3亿年前，因此它们也有"活化石"之称。

娃娃鱼头部宽阔扁平，眼小口大，体肥粗壮，尾巴扁长，体长可达1.8米，重约50千克。其体表较光滑，背部呈棕褐色，夹有黑斑。四肢短小，前肢有4指，后肢有5趾，游泳时靠摇动躯干和尾巴前进。娃娃鱼一般生活在海拔100~2 000米且水质清凉、水流湍急、石缝和岩洞较多的山区溪河中。它们白天常潜居于有洄流水的洞穴内，一穴一尾。傍晚或夜间出洞活动，夏秋时节，它们也有在白天上岸觅食或晒太阳的习性，捕食主要在夜间进行，主要以蟹、鱼、虾、蛇、蛙及水生昆虫为食，耐饥饿能力很强，只要将其饲养在清凉的水中，2~3年不进食也不会饿死。

每到夏季，它们就会在水底的石洞间产下上千枚卵，圆形卵被包在长长的卵胶带内，一串串的呈链珠状。30~50天后，这些卵就孵化成小鱼了。娃娃鱼每隔6~30分钟就会把头伸出水面呼吸一次，皮肤也是它们与外界进行气体交换的重要器官。

比目鱼

比目鱼的眼睛非常有趣，一双眼睛竟然长在身体的同一侧。古人认为这种鱼的雌鱼和雄鱼是并排着游泳的，所以才有"凤鸟双栖鱼比目"的动人诗句。

实际上，比目鱼平常都是单独生活在海里，它们那扁扁的身体与水面平行地贴在沙底，两只眼睛都长在靠上的一侧，这一侧身体的颜色是棕灰色的，而贴在沙底一侧的身体为白色或淡黄色。这样，它们既能躲过敌人的视线，又能便捷地获取食物。

当比目鱼从卵中孵化成幼鱼时，它们的外形和在水中的游动姿势与其他鱼类没

有任何差别。当它们生活了20天左右,身体长到1厘米长时,它们的鱼鳍就会渐渐发生变化,再也不能继续正常游泳了,于是它们就把身体侧卧到水底的沙面上。原先处于鱼体右侧的眼睛就向左侧偏移,一直到两只眼睛并列在一起。最新的研究表明,比目鱼在生长过程中的变态是受到体内某种激素的影响。如果破坏了比目鱼体内激素的合成,它们的变态速度就会大大减慢。

比目鱼分成牙鲆、条鳎、半滑舌鳎、高眼鲽等类,同是比目鱼,眼睛的位置却不一样,牙鲆和半滑舌鳎的两只眼睛长在左面,高眼鲽和条鳎的两只眼睛却长在右面。

比目鱼的模样对发现敌害和捕捉食物是有利的,不过,类似比目鱼这样在生长过程中发生大幅度变态的现象,在生物界也是比较少见的。

龟

龟是龟鳖目动物的总称，全世界有几百个种类，广泛分布在世界的海洋、江河、湖泊和陆地上。龟类有着上亿年的生存历史，和恐龙生活在同一时代。随着地壳运动、环境巨变，恐龙灭绝了，龟类却奇迹般地繁衍至

今。我国古代将麟、凤、龟、龙列为"四灵"，龟是吉祥和长寿的象征，与几千年的中华文化有着不解之缘。

龟类的典型特征就是身躯扁圆、盔甲厚重，它们行动缓慢，性格温和。按照生活的环境，龟类可以分为海洋龟类和陆地龟类。海洋龟类包括棱皮龟科和海龟科，共有棱皮龟、玳瑁、大海龟、绿海龟、红头龟、橄榄绿鳞龟、黑海龟(太平洋丽龟)和平背海龟8个种类，都是濒危物种。陆地龟类包括陆龟类和淡水龟类，后者又包括硬壳龟类和软壳龟类，软壳龟类即鳖类。陆地龟类有260多个种类。我国常见的有金线龟、乌龟、中华鳖、绿毛龟等。海洋龟类的四肢已经特化为桨状，体型大者如棱皮龟，体长可达1.5米。海龟类以小鱼虾、贝类为食，有的也吃藻类。每年夏季的夜晚，海龟就会跋涉千里，返回它们出生的故土，到沙滩上产卵，一次产卵可达上百颗。陆地龟类生活在江河、湖泊、山涧溪流乃至干旱的荒漠地区，分布非常广

泛。它们的生长速度较为缓慢，寿命很长，有关其长寿的原因，至今仍是未解之谜。

　　龟类是集观赏、食用、药用于一身的珍贵动物。其肉味鲜美、营养丰富，含有大量的生命活性物质，自古以来就是食补佳品。龟甲是传统的名贵中药材，且其头、血、脏器等都能入药，具有清热除湿、健胃补骨、滋阴补肾、强壮补虚等多种功能。如今，观赏龟类又成为人们的新宠，尤以绿毛龟最受欢迎，它们性格温顺、姿态优美，而且能够陪伴人们一生。

　　我国国土辽阔，龟类资源非常丰富，但是近几十年来，过度的捕捉已使许多龟类资源遭到严重破坏，而且关于龟类的基本生态、物种研究的不足，缺乏保护的依据，更加重了其濒危的境地。所以，我们应立即采取有效的保护措施，挽救这一"活化石"。

四爪陆龟

四爪陆龟在国外分布于印度、伊朗、哈萨克斯坦、巴基斯坦和阿富汗等国，在我国仅分布于新疆霍城县境内。

四爪陆龟又称"旱龟"，体型较小，背甲长度约为12~16厘米，宽度约为10~14厘米，甲壳的高度约为69~76厘米。其头部为黄色，较小，上喙的正中有3个尖形突起，喙的边缘呈锯齿状。头的背面正中有对称排列的大鳞，其余鳞片较细小。背甲高而隆

起，但脊部较平，与大而平坦的腹甲直接相连，中间没有韧带组织，腹甲的前缘略有凹陷，后缘有较深的缺刻。背甲和腹甲的盾片中央都呈棕黑色，有宽度不等的黄色边缘，略向外翻转，所有盾片均具有明显的同心环纹。四肢也为黄色，呈圆柱形，十分强壮，前臂和胫部的上面长有坚硬的大鳞片，股后还有一丛锥状的大鳞片。其趾上有4个爪，但没有蹼。雄性的尾巴细长，雌性的尾巴较短，头颈、四肢和尾巴均能缩入甲壳内。

四爪陆龟的野外总数仅有1 000只左右，仅为50年代的50%。由于它们在我国

的分布范围狭小，野外数量稀少，因而被列为国家一级保护野生动物。

棱皮龟

棱皮龟主要分布于热带和亚热带的海洋中，在我国则分布于福建、广东、浙江、江苏、山东、辽宁、台湾、海南等附近的东海和南海海域、上海长江口外海域等地。

棱皮龟是一种生活在远洋的动物，主要栖息在热带海域的中上层，偶尔也见于近海和港湾地带。其四肢巨大，呈桨状，可以持久而迅速地在海洋中游泳，故有"游泳健将"之称。每年夏季，它们都要穿过寒带和温带水域，从纽芬兰游向阿根廷，从挪威游向南非或从苏联沿海游向澳大利亚南部的塔斯马尼亚海域，可见它们的游泳本领是多么高强！科学家用一种精密的深度探测仪测定棱皮龟的深潜活动时发现，这种世界上最大的海龟在深潜时的深度可达1 200米，创造了用肺呼吸的脊椎动物的深潜世界纪录。

棱皮龟主要以海星、乌贼、鱼、虾、蟹、蛤、螺、海参、海蜇和海藻等为食，甚至

还吃长有毒刺细胞的水母等。它们的嘴里没有牙齿，但是其食道内壁有大而锐利的角质皮刺，可以磨碎食物，食物再进入胃、肠进行消化吸收。

奇怪的是，虽然棱皮龟属于变温的爬行动物，但从热带到北极地区，它们都能在温度较低的水中维持其25℃的体温。因为虽然它们的基础代谢率远远低于哺乳动物，但其绝缘体积效应能帮助其保持足够的热量。如果在温暖的气候条件下，它们就会增加输送到四肢末端去的血流量，从而大大提高其身体散热的速度。

每年5~6月是棱皮龟的繁殖季节，雌性需要从海洋中爬到海滩上去产卵。产卵通常都在晚上进行，它们的行动十分谨慎，如果遇到外来干扰，就会立即返回海洋。产卵之前，它们会先在沙滩上挖一个坑，每次产卵90~150枚，在繁殖期间也可以多次产卵，产卵之后会用沙将卵覆盖，靠自然温度进行孵化，但每个窝中也常有10多枚卵不能孵化成功。刚孵化出来的幼体体长5.8~6厘米，它们会本能地立即爬向大海。

棱皮龟濒临灭绝的原因

在棱皮龟产卵繁殖的场所，旅游观光业不断发展。一幢幢旅馆、咖啡馆拔地而起，通明的夜间灯火和震耳欲聋的迪斯科音乐将一个宁

静的海岸变成了喧闹的"不夜城"，使不少准备登陆产卵的棱皮龟驻足不前。有些经营旅游业的人别出心裁地为旅游者增加了一个观光项目——"夜间海滩观龟产卵"。从而导致一到夜间，就会有一束束明亮刺眼的手电光在海滩上乱舞，使产卵的棱皮龟大受惊吓，有些刚出壳的幼龟被手电光吓得晕头转向，不知所措。

棱皮龟遭受人类的折磨远非如此。出没不定的水母是棱皮龟的主要食物之一，然而正是棱皮龟的这种食性使它们在当今世界的海洋中"有苦难言"。棱皮龟常常将过往船舶丢弃而漂浮在海面上的塑料袋误认为水母吞食下去。有的棱皮龟由于贪食，大量难以分解的塑料袋将肠道堵塞，最终因缺乏营养导致身体衰竭而走向死亡。据科学家估计，约44%的成年棱皮龟的肠道中或多或少都有误食的塑料袋。

以上种种原因严重影响了棱皮龟的正常活动，人类在破坏其生存环境的同时，也加速了其灭亡。我们人类需要引起重视，采取行之有效的措施保护它们的生存环境，以使其正常的生长、繁衍下去。

玳瑁

玳瑁和绿海龟是近亲,在海洋龟中,它们的个头最小,身长仅有50厘米左右。身体背面长有13块宝贵的甲片,就像是覆盖在屋顶的琉璃瓦,所以得名"十三鳞"。其主要分布在热带、亚热带海域。

玳瑁的外貌看起来蹒跚笨重,但是它们在海洋中的游动速度却异常迅捷。在海洋中,它们是比较凶猛的肉食性动物,经常出没于珊瑚礁中,上下颚强硬有力,不仅能弄碎蟹壳,还能嚼碎软体动物坚硬的外壳。

玳瑁的背甲是珍贵的工艺品原料,可制成发夹、梳子、眼镜框等工艺品。汉代的著名诗篇《孔雀东南飞》中就有"足下蹑丝履,头上玳瑁光"的诗句。历代渔民则把它当作"护身宝",认为它能"辟邪驱瘴",因而其背甲片成了吉祥的象征。然而与此同时,玳瑁甲壳上漂亮的装饰花纹也给它招来了"杀身之祸"。

玳瑁总会在夏天的夜晚到海滩附近的丛林里掘穴产卵。每年7~9月是玳瑁的繁殖期,它们每次产卵150~250枚,经过约60天,玳瑁"宝宝"就会破壳而出。

扬 子 鳄

扬子鳄是我国特有
的物种，也是国家一级保
护野生动物。扬子鳄在
世界鳄类中属于体型较
小的一类。其生性胆小，
稍有惊扰就会逃入水中，
很少攻击和伤害人类。为
保护珍稀动物扬子鳄，

我国已建立了扬子鳄保护区和繁殖研究中心。

扬子鳄也叫"中国鼍""鼍龙""土龙"，分布于我国安徽、浙江和江苏的交界
处。成体全长可达2米左右。它们在江、湖及水塘边掘穴而栖，以各种鱼类、鸟类、
鼠类、两栖类、爬行类为食。扬子鳄是冷血动物，当周围环境的温度在25℃以上时，
它们才会比较活跃，平时温度较低时就会趴在岸边张着大嘴晒太阳，并具有冬眠
习性。每年的6~8月是扬子鳄的繁殖期，每窝可产卵20枚以上，母鳄有护卵习性，
卵的孵化期为60天左右。

大珠母贝

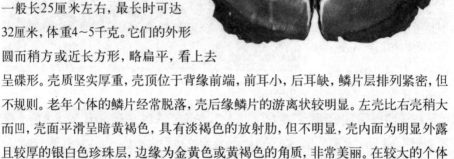

大珠母贝是我国最大的珍珠贝，为热带、亚热带物种，主要分布于印度洋和南太平洋沿海，在我国则分布在海南岛、西沙群岛、雷州半岛的沿岸海域。大珠母贝的壳一般长25厘米左右，最长时可达32厘米，体重4~5千克。它们的外形圆而稍方或近长方形，略扁平，看上去呈碟形。壳质坚实厚重，壳顶位于背缘前端，前耳小，后耳缺，鳞片层排列紧密，但不规则。老年个体的鳞片经常脱落，壳后缘鳞片的游离状较明显。左壳比右壳稍大而凹，壳面平滑呈暗黄褐色，具有淡褐色的放射肋，但不明显，壳内面为明显外露且较厚的银白色珍珠层，边缘为金黄色或黄褐色的角质，非常美丽。在较大的个体中，珍珠层的外缘与壳边缘部之间有一条黄色带。其软体部较大，前闭壳肌退化，后闭壳肌极为发达，位于身体的后方，闭壳能力甚强，肛门为舌形，末端极宽圆。

大珠母贝喜欢集群栖息在珊瑚礁、岩礁沙砾等海区，用发达的足丝附着在岩礁等上生活。其栖息地的水流通畅，水深在10米以上，一般为20~50米，最深可达200米。它们的适温范围在15.5℃~30.3℃之间，最适水温为24℃~28℃。大珠母贝

40

属于滤食性贝类,食性较杂,主要以硅藻类为食,也包括双壳类盘幼虫、腹面类面盘幼虫、有机碎屑、钙质骨针和其他原生动物等。

大珠母贝的成熟个体中,雄性明显多于雌性。它们还有性转换的现象,也曾发现过雌雄同体的个体。每年低温期过后,当水温回升到20℃~25℃时,其性腺就开始发育,并随着温度的升高而达到性成熟。其主要在每年的5~10月进行繁殖。产下的卵约需16~36天才能孵化出幼体。幼体的壳多为暗黑色,其壳的后缘末端突出,壳长近似楔形,长到2厘米左右逐渐变圆,并变为黄褐色,生长鳞片明显。生长到一定大小时,生长速度就会变慢,并大量分泌珍珠质,以增加其贝壳的厚度。

大珠母贝属于软体动物中的瓣鳃类,因数量较少、价值较高而被列为国家二级保护野生动物。瓣鳃类动物不仅有可以生成珍珠的珍珠贝,还有扇贝、贻贝、蚶子、蚌、牡蛎、江珧、蛤仔、文蛤、蛏子、西施舌、蚬等肉味鲜美、营养丰富的食用种类,是人们捕捞和养殖的主要对象,具有较高的经济价值。

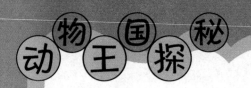
鸭嘴兽

鸭嘴兽仅生活在澳大利亚，是闻名世界的珍稀动物。鸭嘴兽的尾巴扁而阔，前、后肢有蹼和爪，适于游泳和掘土。成年鸭嘴兽体长40~50厘米，雌兽重0.7~1.6千克，雄兽重1~2.4千克。

鸭嘴兽生长在河、溪的岸边，它们的大多数时间都生活在水里，皮毛上有油脂，有助于它们保持身体温暖。在水中游泳时，它们是闭着眼的，主要靠其触觉敏感的鸭嘴在河床底部寻找食物，主要以软体动物及小鱼虾为食。

鸭嘴兽的生殖是在它们生活的岸边所挖的长隧道内进行的。它们一次最多可生3个蛋。雌鸭嘴兽没有乳头，但在肚子上有一个小袋，袋内可以分泌乳汁，孵化出的小鸭嘴兽靠舔食乳汁长大。6个月的小鸭嘴兽就得学会独立生活，然后自己到河床底部觅食了。

丛林珍奇动物

老虎

　　老虎分布于亚洲，是猫科动物中的大型猛兽。体长在2米以上，尾长约1米。它们喜欢栖息在山林里或灌木与野草丛生的地方，虽然住在山林里，但它们却不会爬树。白天它们常常隐蔽在山林里休息，夜晚或晨昏时出来活动，动作敏捷、轻巧，听觉和嗅觉都很敏锐，常常捕食羚羊、野猪和鹿等动物。

　　老虎体型庞大，生性凶猛，喜欢独居。它们全身黑黄相间的条纹是相当隐蔽的保护色，使它们看上去与周围明暗相间的蒿草差不多，这也是在辽阔的丛林草地上

很难发现它们的原因。

老虎在热得浑身冒汗时，总爱跑到水边蹲伏下来，不断浸湿长尾巴往身上淋水，让身体慢慢凉快起来，这是老虎在长期进化中形成的一种散热方式。雌虎在生殖期每次最多产4仔，幼虎出生2年后就可以独立生活了。

老虎是亚洲的特产，可是许多地方的老虎已经绝迹或正濒临灭绝。我国东北虎、华南虎等种类的数量已经相当稀少，都属于国家一级保护野生动物。

虎只分布在亚洲的原因

　　虎是亚洲的特产动物。现代虎的祖先是一种叫作"中国古猫"的小型肉食性动物，与人类的出现时间较为接近，而且可能曾与人类的祖先——蓝田人一起生活过。气候的变迁促进了动物群的演变、分化和迁徙，虎便从发源地向亚洲西部、南部等各地逐渐扩散，向西发展的一支经蒙古、新疆和中亚直抵伊朗北部和高加索南部，但没能穿过阿拉伯沙漠进入非洲，也没能越过高加索山脉进入欧洲；向南发展的一支又分为两脉，一脉进入朝鲜半岛，受阻于朝鲜海峡，未能踏上日本列岛；另一脉通过华北、华中和华南，进入中南半岛。到这里后，又分成两股，一股向西通过缅

甸、孟加拉国，直抵印度半岛南端，另一股继续向南，沿马来半岛南下，渡过狭长的马六甲海峡，登上印度尼西亚的苏门答腊、爪哇和巴厘等岛屿。看来，若不是虎在征服世界的进程中遇到了强大得可怕的对手——人类，迟早有一天会统治全球的每一个森林和沼泽。因此，北自西伯利亚，南达南洋群岛，西起中亚山地，东至朝鲜半岛，都有虎的分布。

东北虎

东北虎又称"满洲虎""西伯利亚虎""乌苏里虎"。在虎的诸个亚种中，东北虎的个头最大、皮毛最为珍贵，当之无愧地被称为"虎中之王"。东北虎身上的条纹常为赤褐色，较窄且稀疏，皮毛丰满，长而柔软，毛色较浅。

东北虎一年中的大部分时间都

是四处游荡，独来独往，没有固定住所，只是到了每年冬末春初的发情期，雄虎才筑巢迎接雌虎。不久后，雄虎就会离开，由雌虎来哺育、照看幼虎。

相对于其他亚种而言，由于东北虎的生存环境较好，所以性情最为温顺，胆量最小，动作的敏捷和灵活性也最差，所以适应能力与生存能力也较弱。

随着人类对森林植被的破坏，导致其栖息地与食物来源越来越少，东北虎的数量也急剧下降，目前东北虎已被列为国际濒危动物，在我国属于一级保护动物。

华南虎

华南虎是中国特有的虎，在江西及湖南等地数量最多，国际上有时也将其称为"中国虎""厦门虎"。华南虎体型较小，体长约1.4米，体重140~190千克，尾巴细短，尾长约0.8米，其皮毛的颜色较深且艳丽，常为橘黄或微有赤色，身上布满黑色条纹，体侧常有上下纹相接而成的菱形纹，毛较短小，具有较强的观赏性。

华南虎的生活区域与人类的居住地较近，其性格凶猛、反应灵敏、动作迅捷、灵活性好，有时也会捕食家畜。华南虎多在晨昏捕食野羊、野猪、鹿等大中型动物。伤害人的虎，通常是一些年迈力衰、不能觅食的饿虎，哺乳期间找不到野味的母虎。心情恶劣的虎也有可能对人类发起攻击。世界野生生物基金会的科学家们近年来提出了"虎吃人不是因为饥饿，而是由于口渴"的新见解。他们在野外借助各种仪器观察、分析，发现老虎吃的荤食和喝进的水分有关，如果所吃的食物咸味较浓，它们的机体内就会发生化学变化，从而引起口渴伤人。

目前野生华南虎的数量仅有30~50只，我国动物园中饲养的也只有51只。华南

虎已于1996年被国际自然保护联盟列为极度濒危的十大物种之一。

　　世界野生生物基金会列出的世界十大濒临灭绝的生物物种中，华南虎位居前列，显得比大熊猫还珍稀。华南虎是现代虎8个亚种中仅产于中国的虎种，过去曾广泛分布于华东、华南、华中和西南等地的山林中。但近一个多世纪以来，由于战争、捕猎和生态环境的破坏，野生华南虎已处于灭绝的边缘。

　　为了保护和拯救华南虎，我国政府已将其列为最优先保护的物种，并启动了华南虎拯救工程。福建省龙岩市以野化训练、放生、壮大华南虎野外种群为目的，在梅花山国家级自然保护区成立了"梅花山华南虎园"。同时还在"虎园"建立了食草类野生动物养殖区，以给野生华南虎提供充足的食物。通过开展人工繁殖，半野化、野化豢养，使"虎园"的华南虎繁育数量达到100只，并逐步将其放归大自然，以恢复野生华南虎的种群数量。还将梅花山建设成具有国际先进水平的华南虎

保护区。

　　据国家林业和草原局和世界自然基金会联合调查队的野外调查分析、论证、并用科学方法进行计算后，专家们认为，野生华南虎的现存数量约为20~30只，分散在我国江西、湖南、广东三省交界处的罗霄山脉、雷公山脉和南岭山脉的局部山区。另外，在闽西梅花山的武夷山自然保护区境内，近年来也多次发现有华南虎活动的踪迹。

　　为了保护和扩大华南虎的栖息环境，广东韶关市于1990年建立了粤北华南虎自然保护区，总面积为2 904.67平方千米。根据该保护区近10年的调查结果显示，华南虎在粤北山区活动频繁，区内先后发现华南虎爪痕、虎啸、脚印、粪便等信息36次。据该保护区工作人员多年来的观察和研究，估计该地区存活有华南虎5~6只。

孟加拉虎

　　既神秘又孤僻的孟加拉虎让人充满恐惧同时又使人着迷。它们头大而圆，看起来就像一只硕大的猫。孟加拉虎身披淡棕色或褐色的毛皮，腹部为白色或淡黄色，身上长着

灰色或黑色的美丽条纹。它们那蓝色眼睛中发出的冰冷光芒，似乎在宣告着自己至高无上的王者地位。它们不善于长距离追捕猎物，而更善于出其不意地在瞬间将猎物制服。孟加拉虎

的后腿长，前腿强壮，脚上长着长而尖的爪子，具有较强的爆发力。方圆30平方千米的森林空间可任它们挥洒自如地捕捉食物。而且，它们的食量很大，有时一顿就可以吃下40千克的肉。

在繁殖期，雌虎的孕期为3~4个月，一胎产2~4仔。幼虎一生下来身上就有条

纹，这是它们的保护色。在雌虎外出捕猎的时候，幼虎会静静地等待母亲归来，同时靠身上的保护色使自己免受其他肉食性动物的伤害。小老虎长到6个月大时，就会和母亲一起外出学习捕猎的本领。幼虎长到2岁的时候就必须自立了。

白虎

　　虎有很多变种，颜色变化较大，种类也很多，例如白虎、蓝虎、黑虎等。白虎是孟加拉虎的白色变种，野生白虎已经灭绝，现在的白虎都是人工繁殖的。目前，印度、英国、美国、加拿大、日本和我国的动物园中都饲养着一些白虎，总数有100只

左右。

    白虎不是由于缺乏色素形成的白化体，而是经过长期的自然选择，形成了这种奇异的毛色。白虎的眼睛是蓝色的，不是白化体所常见的红色。另外，它们身上的条纹是深灰色的，并不呈黑色。但是，白虎在习性、独立性以及力量等方面与正常毛色的虎几乎没有任何差异。

    白虎在我国古书上的记述和传说也很多，我国古代天文学将白虎作为天上二十八宿中西方七宿的合称，在道教中被奉为"西方之神"，东汉时在洛阳建有白虎观，后来还把处理军机事务的地方叫作"白虎堂"，但是，至今也没有野生白虎在我国生活的确切实证。

豺

豺的别名相当多，如"红豺""豺狗""棒子狗""红狼""扒狗""绿衣""赤毛狼""斑狗""马彪"等，在国外则被叫作"亚洲野犬"或"亚洲赤犬"。豺在各个地区的分布密度均较稀疏，数量远不及狐、狼等。

豺喜欢群居生活，多由比较强壮且狡猾的"头领"带领一个或几个家族临时聚集而成，少则2~3只，多时达10~30只，偶尔也能见到单独活动的个体。当群体成员之间发生矛盾时，它们就会相互撕咬，常常咬得鲜血淋漓，有时甚至连耳朵也会被咬掉。

豺栖息的环境十分复杂，无论是热带森林、丛林、山地、丘陵，还是海拔在2 500~3 500米的高山林地、高山草甸、高山裸岩等地带，都能发现它们的踪迹。它们居住在天然洞穴、岩石缝隙或隐匿在灌木丛之中，但不会自己挖掘洞穴。

豺的性情十分沉默而警觉，但在捕猎的时候就会发出召集性的嗥叫声。其捕猎多在清晨和黄昏进行，有时也在白天进行。它们善于追捕猎物，也常以围攻方式进行捕食。豺行动敏捷，善于跳跃，可在原地跳跃3米多远，借助快跑，能越过5~6米宽的沟壑，也能跳过3~3.5米高的岩壁、矮墙等障碍。其灵活性胜于虎、狮、狼、熊等猛兽，而接近于猫科动物中最为灵活的猞猁和云豹。

豺的嗅觉灵敏，耐力极好，猎食的基本方式与狼类似，多采取接力式的穷追不舍和集体围攻、以多取胜的办法。它们的爪、牙锐利，胆量极大，非常凶狠、残暴而贪食，一般会先把猎物团团围住，前后左右一齐进攻，抓瞎眼睛，咬掉嘴唇、耳、鼻，撕开皮肤，然后再分食内脏和肉，或者直接对准猎物的肛门发动进攻，连抓带咬，将其内脏掏出，用不了多久，就能把猎物瓜分得干干净净。它们偶尔也吃一些甘蔗、玉米等植物性食物，但主要以各种动物性食物为

食，不仅能捕食鼠、兔等小型兽类，也敢于袭击野猪、鹿、水牛、马、山羊等体型较大的有蹄类动物，有时甚至还会成群地向熊、狼、豹等猛兽发动进攻，以夺取它们口中的食物，如果这些猛兽不放弃食物，一场激烈的战斗便在所难免，最终多半是豺获得胜利。豺多半是集体行动，互相呼应和配合作战的能力是相当强的，但是在遇到虎的时候，豺通常并不会马上冲上去夺食，而是耐心地等待虎吃饱后离去，再分享它吃剩的食物，当然虎也不会主动向豺发动进攻，因为它还常常需要感官更为灵敏的豺来了解周围的情况。不过，在印度曾经发生过多起孟加拉虎与一群豺为了争夺食物而血战的事件，结果每次都是在虎咬死、咬伤几只或十几只豺后，没能冲出重围，终于筋疲力尽，倒地不起，被这群穷追不舍的豺活活咬死。

豺对人类并没有太大威胁，但在很多地区，人们仍把它们视为害兽来消灭。一般豺所猎食的对象，主要还是一些老、弱、病、残的动物个体，能抑制食草动物的过度繁殖，有助于农业生产的发展，还能维持大自然的生态平衡，但目前豺的数量正在逐渐减少，甚至有些地区豺的分布数量已经相当稀少，如蒙古、西伯利亚、中亚地区及我国东北，都已多年不见其踪迹。目前，仅我国四川、江西、青海、西藏等地以及由克什米尔到不丹、尼泊尔一带的喜马拉雅山区还生活有一定数量的豺，这些地区也因此成了世界范围内豺的分布中心。

金丝猴

金丝猴也叫"金线猴"，正如它们的名字一样，它们是一种身披像金丝线般美丽长毛的猴类。其实它们不仅毛色艳丽，而且形态独特，性情温和，动作优雅，深受人们喜爱。金丝猴也是我国

的特产种类，与大熊猫齐名，同属"国宝"级动物，不仅具有重大的观赏价值和经济价值，还有很高的学术研究价值。目前，除我国外，这一稀世珍宝在世界上仅有法国、英国等极少数国家的博物馆中收藏有若干标本。

金丝猴非常漂亮，它们头顶的正中有一片向后越来越长的黑褐色毛冠，两耳长在乳黄色的毛丛里，一圈橘黄色的针毛衬托着棕红色的面颊，胸腹部呈淡黄色或白色，臀部的胼胝为灰蓝色，雄兽的阴囊为鲜艳的蓝色，从颈部开始，整个后背和前肢上部都披着金黄色的长毛，细亮如丝，色泽向体背逐渐变深，最长的达50多厘米，在阳光的照耀下金光闪闪，就像一件风雅华贵的金色斗篷。

金丝猴主要栖息在海拔2 000~3 000米的高山针叶阔叶混交林中，长年生活在树上，很少下地活动。金丝猴喜欢群居，少则十几只，多则数百只一群，每群都是以老年、中年、青年和幼仔所组成的家族社会，很少见到单独行动的个体。每个群体中，都有一只经过搏斗产生的"美猴王"，它们体格魁梧、毛色不凡，专门指挥猴群的一切行动。群体中的其他成员对"美猴王"都非常敬畏，常常为它敬献食物以及梳发、搔痒、捉虱子等，以此来讨它的欢心。

金丝猴性情机警，每到一处，总要派出几只雄兽攀上树顶进行警戒，这样，群

体中的其他成员就能放心地觅食、追逐嬉戏。当发现有危险时，警戒的雄兽会立刻发出"呼哈——呼哈"的警报声，群体成员则立即大声呼应，然后迅速逃离。在行动时，群体成员的组织也非常

严密，携带幼仔的雌兽位于群体的中间，前后都有健壮的雄兽保护，它们的动作非常敏捷，往往先摇一摇树枝，然后借助树枝的反弹力量进行树枝间的荡跃，就像一阵狂风骤起。在"美猴王"的率领下，扶老携幼，大声呼啸着，在茂密的丛林中攀缘飞奔，如履平地，瞬间便杳无踪迹，人们往往是只闻其声，难见其影。

金丝猴是典型的树栖动物，对地形、坡向等的选择并不严格，只要森林茂密、成片，食物丰富，就可见其活动踪迹。供金丝猴取食的植物很多，它们在春、夏季节主要吃树木的树叶、嫩芽、嫩枝、根和花蕾等；到了金秋时节，则大量采摘野杏、李、樱桃等阔叶树木的果实、种子以及松子、橡子等；当严冬积雪覆盖时，它们就只能啃食树皮、藤皮，或者采掘苔藓来度日。

金丝猴几乎整个白天都在觅食和玩耍中度过，到了晚上，它们便开始寻找栖息地。它们休息的地方不固定，一般选择在大乔木的树杈、树枝上，距地面高度一般在5～25米之间，而不在低矮的灌木中，这样有利于躲避敌害的袭击。

滇金丝猴

在我国云南、四川和西藏交界的大雪山地区，有一种珍贵稀有且鲜为人知的金丝猴，这就是中国特有的稀世之宝——滇金丝猴。滇金丝猴属于中国的疣猴亚科之一，共有3种，另外两种分别是普通金丝猴、黔金丝猴。

滇金丝猴身体呈黑色，所以也被称为"黑金丝猴"。因为这种猴经常生活在白

雪皑皑的高山上，又因为其幼猴全身为白色，以后才逐渐演变成黑色，所以当地人称其为"雪猴"或"白猴"。滇金丝猴的尾巴很长，与其身躯十分相称。它们的鼻子上翘朝天，模样滑稽可笑，讨人喜爱。它们外貌上最特殊的一点，是长着与人类相似的厚厚的红嘴唇。它们的这一特征，在灵长类动物中是独一无二的。研究表明，滇金丝猴是猴类动物中进化程度最高的一种，处于猴向猿进化的状态。

滇金丝猴的身体比普通金丝猴和黔金丝猴小而轻，一般体重在15千克左右。1962年，曾发现一只雄滇金丝猴，其体重达到35千克。滇金丝猴是群居动物，通常每群有数十只到100多只。

据史料记载，古代滇金丝猴的分布区域很广。之后由于人类活动的干扰和破坏，使其栖息地大大缩小，迫使它们逐渐退居到云南与西藏交界处很小的地区——金沙江与澜沧江夹峙的云岭山脉中，分别属于西藏的芒康，云南省的德钦、

维西、兰坪和丽江等五县境内支离破碎的高山寒冷的冷杉林带之中。这些滇金丝猴的自然种群，几乎都处于彼此隔离的状态，每个种群的栖息地都像孤岛一样，各群体之间无法往来，也无法进行基因交流。

白马雪山自然保护区是滇金丝猴的核心分布区。滇金丝猴栖息于海拔3 200~4 000米的亚高山针叶林中，是

猴类中栖居海拔最高的。这里冬季山上的积雪很厚，但是滇金丝猴身上生有长而浓密的体毛，足以御寒抗冻。滇金丝猴过着树栖生活，食性单纯，以寄生在冷杉树上的黑灰色松萝为主食，其次采食针叶树的嫩芽和芽苞。狼、豹、豺、金猫和猞猁等野兽，都是滇金丝猴的天敌，常偷袭成年猴；雕、鹫等猛禽也常掠食幼猴。但是由于滇金丝猴非常机警，且组织严密，遇到危险时，猴王就会发出惊叫，猴群的所有成员，则会以惊人的速度，在树冠中飞奔疾驰，转瞬之间，就全都逃得无影无踪，常常使来犯的动物扑空。金丝猴的最大威胁来自人类。由于滇金丝猴通常是成群活动，容易被发现，也容易被枪杀。

　　滇金丝猴作为稀世珍宝，不仅在保护珍稀动物方面具有社会号召力，而且在维持自然生态平衡中也起着一定的作用。它们主食松萝，能有效控制冷杉树的生长。因为如果松萝生长过多，就有可能使冷杉窒息而死。但是如果松萝太少，又会造成滇金丝猴食物不足。在长期的生存竞争和生物进化过程中，滇金丝猴似乎知道了如何控制松萝的生长量。因此，它们在大范围内的冷杉树上游荡觅食，以保证既有足够的松萝吃，又可控制松萝过分蔓延、影响冷杉树的正常生长，从而防止了松萝对冷杉林的危害。冷杉为滇金丝猴提供食物和隐蔽处，滇金丝猴为冷杉清除"吸血虫"。冷杉－松萝－滇金丝猴，三者相互依存，相互制约，维持着当地自然生态的平衡。

　　目前滇金丝猴的数量相当稀少，因为它们遭到大规模的追捕和猎杀，生命岌岌可危，同时，它们赖以生息繁衍的森林，也因商业目的和经济利益而遭到大量的砍伐，使它们在其栖息地里无法安身，被迫东逃西窜，到处避难。少数生活在自然保护区里的滇金丝猴，也难逃这样的厄运。因此，滇金丝猴已处于濒临灭绝的边缘，其数量和处境与大熊猫十分相似，所以，有的外国动物学家认为，滇金丝猴是仅次于大熊猫的世界第二大珍奇兽类。现在它们已被列入世界濒危保护动物红皮书，在我国属于国家一级保护野生动物，被称为"第二国宝"。

白头叶猴

白头叶猴是我国的特产动物，仅分布在广西的左江和明江之间的一个十分狭小的三角形地带内，面积不足200平方千米。白头叶猴雄兽和雌兽的体型大小差别较小，体长50~70厘米，体重8~10千克，尾长60~80厘米。头部较小，躯体瘦削，四肢细长，尾长超过身体长度。它们的体毛以黑色为主，与黑叶猴不同的是白头叶猴头部高耸着一撮直立的白毛，形状如同一个尖顶的白色瓜皮小帽，颈部和两个肩部为白色，尾巴的上半截为黑色，下半截为白色，手和脚的背面也有一些白色。

白头叶猴的栖息地是位于广西南部的亚热带植被繁茂的岩溶地区，具有典型的喀斯特地形。它们性情机警，十分活泼好动，极善跳跃。那纤瘦的身躯、细长的四肢、发达的臀部胝胼恰好与树栖和岩栖的生活相适应。它们在树林中或陡峭的绝壁上跳跃、行走时，长长的尾巴则能起到极好的平衡作用。

白头叶猴喜欢集群生活，早出晚归，生活很有规律。天亮以后就从夜间栖息的绝壁上的石洞内鱼贯攀缘而出，在离洞约30~40米的地方稍做休息之后，便开始在悬崖绝壁或树冠之间穿梭跳跃、嬉戏玩耍，宛如在高空中表演的杂技艺术家。此后，才分别跳到树冠上或灌木丛中采食可口的树叶、嫩芽、野花、野果等，一边吃，一边玩，两只手忙个不停，有时还互相亲热一阵，帮对方捉身上的寄生虫。黄昏时分回到岩洞附近，确认没有异常情况之后，便一个接一个地爬进洞内睡觉。

白头叶猴主要在秋季交配，春季产仔。初生幼仔全身为金黄色，在雌猴怀中吃奶或睡觉时仅头部能自由转动。7天大时，其头顶及尾巴的下半部分会变成乳黄色，头部能灵活转动，一双炯炯有神的眼睛开始东张西望，平时两只手紧紧地抓住雌猴，不愿意接受其他雌猴的抱抚；20天时开始长出一些冠毛，也能离开雌猴在地面上爬行或跳跃；2个月后就与黑叶猴的幼仔大不相同了，背部长

出一些较长的黑毛，头顶、颊的周围、腹部、四肢、尾巴的下半截等很多部位开始呈现出白色，并且逐渐与成体的毛色趋于一致。到了6个月大的时候，它们就能独立生活、自由采食了，但仍然会在雌猴的怀里睡觉。

由于白头叶猴的分布范围十分狭窄，资源稀少，其野外总数仅有600只左右。而随着人类活动的加剧及生态环境的变化等因素对其栖息地的影响，如今白头叶猴的生存和繁衍正面临着非常严峻的考验。目前，我国已对这一珍稀物种进行了多方面的研究和保护工作，努力使其免遭灭绝，而且也已经取得了一些成效。

眼镜猴

眼镜猴也叫"狐猴"，具有原始灵长类生物的特征，由于有一对圆溜溜的大眼睛，周围环生着黑斑，像是戴了一副特大的旧式宽边眼镜，因此，人们称其为"眼镜猴"。

眼镜猴全身呈黄褐色，乍一望去就像是一只褐家鼠。如果按照身体的比例来计算，眼镜猴在灵长类动物中可荣获三项冠军：眼睛最大、耳朵最大、跗骨最长。眼镜猴大的有家鼠那么大，小的只重150克左右，身体只有9~12厘米高，能攀爬在笔杆上，非常好玩。它们的身体虽小，可是它们光秃秃的尾巴却是体长的2倍，尾巴末梢还长着蓬毛，像一个小掸子。它们的绒状毛皮十分厚实，毛色由黄褐色到淡褐色，圆圆的脑袋能转到180°，头上竖着一对大耳朵，像两个听筒似的不时扇动着，听觉非常灵敏，外界有一点动静就会觉察出来。有趣的是它们睡觉时会把耳朵折起来，与外界的声音隔绝，好像是怕吵醒了自己的美梦似的。

眼镜猴生活在热带和亚热带茂密的丛林里，平时独栖在树上，有时也成对在树上栖息，不像其他猴类那样过着集体生活。它们生性胆小，白天在树上睡觉，夜里才出来活动。主要以各种植物为食，也吃昆虫及小型爬行动物。它们的后肢特别长，胫骨和腓骨合在一起。四肢上的肌肉发达，跗骨格外长，所以脚背很长，适于

跳跃攀缘。眼镜猴的脚趾除了第二、四趾有爪外，其余各趾都长有扁平的指甲，脚底有起皱的皮垫，在趾端扩大成球茎形的大块肉垫，垫上有交错的花纹，像汽车轮胎那样，可以增加摩擦力和四肢的握力，并有吸附作用，即使是在光滑的石块上，它们也能吸附住从而攀缘前进。它们就是靠着这种特殊的脚趾在树丛中灵巧地穿来穿去的，有时一跃竟有几米远。它们还时常用后肢倒挂在树上，空出前肢来抓食物，有时还会从树干上滑下来。在树林中跳跃时，它们会突然伸直自己长长的后腿跳向空中，再落在距自己2米远的另一棵树上。如果有必要，它们还能中途拐弯。

　　和其他许多在夜间活动的动物一样，眼镜猴有一双大眼睛，非常适于在夜间捕食，但实际上，它们的每一只眼睛重达3克，比它们的脑子还重。因此它们对危险非常敏感，甚至在休息时，也会睁着一只眼睛。

　　眼镜猴幼仔出生时就已经发育得很好，虽只有约6厘米长，但身上已长有厚实的毛，眼睛也已睁开，且一生下来就会爬。母猴对幼猴关心备至，幼猴横傍着母猴的下腹，四肢紧抓住毛，尾巴绕过母猴的背脊。母猴的尾巴则穿过后肢向上翘卷拉住孩子，使它躺得更贴身，并且常俯下身子，发出温柔的哼声，似乎是在唱催眠曲。母猴有时还会背着幼猴到处游玩或觅食。

吼 猴

吼猴的叫声犹如雷鸣,可以响彻整个森林上空,所以被称为"吼猴"。

吼猴是美洲猴类中体型最大的一种,雄吼猴体长可达0.9米,雌吼猴体型则要小一些,但它们都有一条长长的尾巴。吼猴身上还披有浓密的毛,多为红褐色,并且能随阳光的照射强度与角度变幻色彩。

吼猴常年栖息在树上,过着群居的生活。每一群为一个家庭,每个家庭都有自己的领地,宛如一个国家。如果有敌害异族接近领地,雄吼猴便会齐声吼叫,将侵犯者吓走。所以人类猜测吼猴吼叫是为了恫吓敌人,进行自卫,也可能是为了联络同伴,传送信号。

那么,吼猴的巨大吼声是怎么形成的呢?原来,在吼猴下颚的两侧有两个不规则的、如鸡蛋大小的舌骨,它们的作用与音箱一样。由于舌骨的背面与喉管相连,所以当吼猴吼叫时,叫声通过"音箱"就会被放大好几倍,使得它们的吼声成为南美洲森林中最震人心魄的一种叫声。

吼猴有着众多的族别。据不完全统计,南美洲森林中分布有5~6种,最著名的有红吼猴、熊吼猴、披肩吼猴等。由于当地人爱吃吼猴肉,所以被捕猎的数量相当多。虽然目前吼猴还不算是濒危动物,但如此长期捕猎下去,总有一天这震人的吼声也会消失的!

66

豚尾猴

豚尾猴的尾巴又短又细，和猪的尾巴有点像，行动时弯而下垂，因而又被称为"猪尾猴"。又因它们头顶平坦，故又有"平顶猴"之称。豚尾猴是一种非常灵巧的动物，平时群体成员之间常以抬眉、眯眼、嘬嘴等方法交流感情，也经常相互理毛表示亲昵。

雄豚尾猴的体长为50～80厘米，体重为5～15千克，雌猴的体长为40～60厘米，体重5～11千克。额头较窄，吻部长而粗，面部较长，为肉色，具较长的黄褐色须毛。颊部的毛斜向后方生长，耳朵周围的毛向前生长，彼此相连。眼睛有明显的白色眼睑。其

冠毛短且黑，头顶上有喷射状的毛旋，但前额却辐射排列为平顶的帽状，像是留着"板寸"的发型。豚尾猴体态较为雄壮，尤其是成年雄性，体毛长而柔软，有光泽，身上略有一些斑点，背脊和尾巴的色泽呈深棕色至黑色，其他部位为浅黄色至灰棕色。雌性不但体型较小，毛色也不如雄性光亮。

豚尾猴属于较典型的东南亚热带灵长类，主要生活在热带雨林、季风雨林和

南亚热带季风常绿阔叶林或部分季节性落叶阔叶林中,栖息高度一般在海拔2 500米以下。

　　豚尾猴多在白天活动,常栖息在树上,但也会在树林中的地面上活动和寻找食物,有时甚至会在河边裸岩附近的稀树草丛中游荡。豚尾猴不会在某一林地中停留较长时间,而是常呈游荡式的广泛活动。它们喜欢群居,每群在30~50只不等。豚尾猴以各种植物为食,如嫩芽、蔬菜、野果、种子等,也吃动物性食物,如小鸟、昆虫和鸟卵等,属杂食性动物。其口中有颊囊,需要快速夺取食物或逃避危险时,可以用来暂时储存食物。

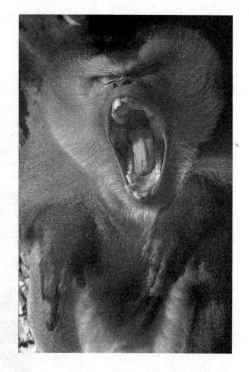

台湾猴

台湾猴的体型酷似猕猴，它们的尾巴都超过体长的二分之一，不过台湾猴的尾巴在比例上更长一些，也比猕猴小而胖。雄兽体长44~54厘米，尾长28~39厘米，雌兽体长36~45厘米，尾长26~35厘米。其体毛主要为蓝灰石板色或灰褐色，额部裸毛呈灰黄色，头圆毛厚，面部比较平坦，呈肉色或比肉色稍深一点。台湾猴颊部生有浓密的须毛，顶毛向后披散，四肢毛色比较深暗，足均为黑色，故又得名"黑肢猴"。

台湾猴仅产于我国台湾，最早发现于南部沿海的石岩地区，所以又被称为"岩栖猕猴"，之后在中部内陆海拔3 000米以上的高山密林中也有发现。它们通常在白天活动，属于半地栖动物，感觉灵敏，

行动迅速，以各种树叶、野果、昆虫、蛙类等为食，尤其喜欢吃蝗虫，有时它们会成群结队地盗食农田中的谷物、瓜果等。平时它们是家族式的群居生活，婚配规则为一雄多雌制，每个群体中由一只成年雄兽担任首领，成年雄兽大多性情暴躁，喜争斗。交配的季节性不强，雌兽怀孕期为163天左右，每胎产1仔。

动物王国探秘

1977年11月，在台湾中央山脉花莲县的内陆深山中，人类捕获到一只体色纯白的幼年白化型台湾猴雌兽，并为其取名"美迪"。这种完全白化的灵长类动物在自然界是非常罕见的，西班牙人曾于1966年在赤道几内亚捕获一只白色大猩猩，后来饲养在西班牙巴塞罗那动物园，被视为举世无双的珍奇动物。我国在广西大新县曾发现若干白色的黑叶猴，捕获到的一只，被放在柳州市的柳侯公园中展出。另外，据说分布于我国的金丝猴也有白化型，有人曾在湖北西部神农架林区考察时见到过一些白色的金丝猴，但没有捕到。"美迪"姑娘马上轰动了整个世界，美国、英国以及世界各国的新闻机构都争相报道了这件"奇闻"。当时，甚至连法国总统德斯坦、英国女王伊丽莎白二世、埃及总统萨达特、加拿大总理特鲁多等许许多多的人们都写信要求提供资料、照片，好一睹"美迪"姑娘的风韵。由于"美迪"姑娘已经到了"出嫁"的年龄，却仍然没有合适的"白色"配偶，便在1980年7月5日由台湾各报向全世界发出了"征婚"启示，为"美迪"姑娘寻觅一位"如意郎君"作为伴侣，希望能继续繁育出纯种的后代。恰好我国云南省永胜县在1980年9月捕获到一只毛色纯白的猕猴，收养在中国科学院昆明动物研究所，名叫"南南"，由此便发出了"应征"信。它们虽不是同一物种，但亲缘关系非常接近，交配之后能否繁衍后代虽然并无十足的把握，但这段"姻缘"如果成功，不仅有助于科学家们探索动物学、遗传学上的诸多悬而未决的学术问题，而且可以促进海峡两岸学术交流活动的广泛开展。虽然很多人都在积极地奔走，以便促成这件好事，但由于种种原因，人们这个美好的愿望最终未能实现，"南南"和"美迪"没有成为眷属。

台湾猴是台湾唯一的灵长类动物，也是我国的一级保护动物。由于人类的大肆捕猎，特别是伐木业对其生存环境造成了巨大破坏，使台湾猴的数量更为稀少。1984年，台湾有关部门提出了相应的保护策略，先后建立了"二水""台东""垦丁"等以保护台湾猴为主的自然保护区，有效地保护了这一特有物种。

黑长臂猿

黑长臂猿，也叫"冠长臂猿""黑冠长臂猿"，在国外主要分布于越南、老挝、印度、马来半岛等地，在中国则主要生活在广西、云南等地，产于东部的黑冠长臂猿现在被专门列为独立品种，即东部黑冠长臂猿。

黑长臂猿以鲜嫩的植物叶子、成熟的野果和植物的花蕾为食，有时也吃昆虫、鸟蛋和蜂蜜。在干旱季节，它们常常在海拔1 000多米高的山地雨林中游荡。雨季，它们则常在海拔较低的森林里活动。其活动的位置，取决于当地食物的多少。

每一个黑长臂猿家庭都有属于自己的领地，位置固定，并且不允许其他家庭的黑长臂猿侵入。如果有陌生的外来入侵者，这个地盘上就会发生一场争斗。两个家庭的黑长臂猿之间的战斗，与其他类人猿和猴子的战斗是大不一样的。两个黑长臂猿家庭之间的战斗，是情绪上的、象征性的及和平性的战斗，而不是武力的战斗，完全没有伤亡。战斗开始之前，一群黑长臂猿会发出响亮的吼叫声，同时，在远处的另一群黑长臂猿，也会以吼叫声作为应答。然后，双方慢慢地向对方移动。当双方已经很接近时，来自两个家庭的雄黑长臂猿，便开始互相追逐、互相躲避，或者都用一只臂膀抓住一根树枝，悬在空中。它们只是这样互相躲躲闪闪，面面相觑，互相对峙，没有任何行动。来自两个家庭的雌黑长臂猿，也用嘹亮的吼叫声，鼓舞雄黑长臂猿的士气。1小时左右，双方结束战斗，并撤回各自的地盘中去。

黑长臂猿喜欢互相帮助。当一只黑长臂猿受伤或跌倒在地时，所有的黑长臂猿都会过来帮忙。如果一只黑长臂猿被杀害，其他的黑长臂猿会马上将死者抬走。这种显示黑长臂猿友善的场面，令人感动。但是，大量的黑长臂猿都来抢救伤亡者，却正好给猎人提供了将它们一举捕获的好机会。可怜的黑长臂猿，没有任何对付敌人及进行自卫的武器。它们不像猕猴或猴子，受到惊吓就会马上跑开。黑长臂猿遇到危险时，仍会站在原地，四处张望，直到看见敌人，它们才会想方设法企图逃跑。但是，要想躲开危险，显然为时已晚。

黑长臂猿对低温十分敏感。当气温降到15℃时，它们就会减少外出活动。当气温降到10℃时，它们就会冻得浑身直哆嗦，并将身体缩成一团，互相抱紧，以保持温暖。当气温升到30℃时，天气闷热时，它们会保持原样，没有变化。这说明，黑长臂猿是耐热怕冷的动物。

人类在黑长臂猿栖息的原始热带雨林里进行了面积越来越大的带状采伐，使黑长臂猿的栖息地遭到了巨大破坏，再加上人类不断地偷猎，使黑长臂猿这种大型动物濒临灭绝。此外，黑长臂猿的生殖率低，其种群发展的速度也较慢。20世纪50年代早期，我国分布有近2 000只黑长臂猿，之后其数量迅速减少了。现在，只有数十只黑长臂猿幸存。因此，黑长臂猿也成为濒危物种，是我国最稀有的动物之一，属于国家重点保护的动物。建于1980年面积为6 600公顷的坝王岭自然保护区，就是保护黑长臂猿这类濒危物种相当重要的一个地方。

狮尾狒狒

狮尾狒狒分布于非洲埃塞俄比亚中部，体长50~75厘米，体重10~20千克，尾长40~55厘米。头部较大，鼻子短而向上翘。其体毛主要为暗褐色，有明显的红色胸斑，尾巴较长。一只雄性狮尾狒狒在它的全盛时期是一个十足的"暴君"。它那长而轮廓清晰的脸上有一双深陷的眼睛，眼睛上面有两条浓重的眉毛，带有很浓的挑衅意味，在眉毛的周围有像瀑布一样充满野性的浅棕色毛发，它们的肩膀上飘着像厚实的斗篷一样的长长的毛发，这使它们看上去比实际上还要强壮。狮尾狒狒常栖息于海拔2 000~4 400米的山坡草地。通常在白天活动，栖居在地上，喜欢集群生活，主要以草类为食，也吃树叶、昆虫等。

狮尾狒狒对于发生在自己周围的每一件事都十分警觉，并且享有对一个家族的完全控制权。每只雄性狮尾狒狒通常有6~7个妻子，并且它们的妻子都很瘦小，所以每个家族通常由一只雄狮尾狒狒、它的妻子以及它们的后代组成。在族群里，雄性个体必须时刻保持警惕，以保护自己的领地和妻子。因为经常会有其他雄性个体会虎视眈眈地在它们的领地周围徘徊而不肯离去。

狮尾狒狒的栖息范围从尼日利亚向南一直延伸到喀麦隆，但是近年来，由于多种原因，狮尾狒狒的数量在迅速减少。目前，世界上只有少数狮尾狒狒保护区，在那里，狮尾狒狒可以躲开食肉野兽，安全地生存。

南非的海边，气候湿润，有较长的海岸线，沿海地区盛产大量的海洋生物，海边的山坡上覆盖有大量的植被。稠密的海藻长在退潮线较低的浅海里，这里是螃蟹、龙虾和各种鲨鱼频繁出没的地区。

一般人很难把狮尾狒狒和海滩联系在一起，因为狮尾狒狒生活在热带草原上，是在非洲的许多陆栖生物群落中随处可见的常驻居民，常常在草原、灌木丛中觅食。然而，不知从什么时候起，这些狮尾狒狒学会了在海边寻找食物。或许是因为植物难以果腹，才使狮尾狒狒转而爱上了海鲜。特别是在干旱的夏天，植物果实尤其短缺，狮尾狒狒们便会经常去海边寻觅食物，鱼、虾、贝、蟹，甚至小鲨鱼都是它们的美食。

狮尾狒狒喜欢吃帽贝、粒状帽贝、贻贝等贝类动物。这些贝类防御天敌的主要方法就是将自己的壳紧紧地粘在岩石上，即使是强壮的狮尾狒狒，也很难将它们拉扯下来。但是，狒狒有办法战胜帽贝的韧劲。

因为狮尾狒狒有尖利的牙齿，只要它们用尖利的牙齿咬住贝壳的一端，将贝壳边缘咬碎，就能吃到贝壳的消化腺及生殖腺。当然，在吃贝类动物时也会遇到难测的风险，贝类通常都集中在海边较低洼的区域，一旦大浪突然袭来，这些狮尾狒狒恐怕就小命难保了。偶尔还会有被淹死的狮尾狒狒的尸体被海浪冲到岸边，这也证明了狮尾狒狒在大海中觅食要冒很大的风险。

非洲土著人抓狮尾狒狒有一个绝招：他们把狮尾狒狒爱吃的食物放进一个口小里大的洞中，故意让躲在远处的狮尾狒狒看见。等人刚走远，狮尾狒狒就活蹦乱跳地跑过来，将爪子伸进洞里，紧紧抓住食物，但由于洞口很小，它们的爪子握成拳后就无法从洞中抽出来了。这时，猎人只管不慌不忙地来收获猎物，根本不用担心它们会跑掉。因为，狮尾狒狒舍不得那可口的食物，越是惊慌和急躁，就越是将食物攥得更紧，爪子当然就越是无法从洞中抽出来。

貂熊

貂熊别名"月熊""狼獾""飞熊"，鼬科狼獾属。体长80~100厘米，体重8~14千克，尾长18厘米左右。貂熊头大耳小，背部弯曲，四肢短健，弯而长的爪不能伸缩，尾毛蓬松。其身体两侧有一浅棕色横带，从肩部开始至尾基汇合，状似月牙，故有"月熊"之称。

貂熊体毛长密粗糙，一般为黑褐色，夏季毛色较浅，为棕红色，爪子弯长而尖利。其身体不大，连头带尾长约1米。它们的身体和四肢都比较粗壮，但有一条长长的尾巴和貂比较像。别看它们个子不大，性情却很凶猛，也很机警，是小型食肉类动物中最凶悍的一种。它们什么都吃，马、羚羊、驯鹿等一类大型食草动物的雌兽和幼仔都难逃它们的追捕，有时它们还会捕捉狐狸、野猫一类的食肉兽为食，甚至连猞猁都要让它们三分，它们还能拖走比它们体重大数倍的动物尸体。貂熊既善于长途奔走，又善于攀缘，有时还会采用由树枝上突然飞降的捕猎方式，加

上它们爪牙锐利，力气也大，猎物一般是难以逃脱的。

貂熊还常常偷盗人类的食物，甚至有时候还会偷盗或毁坏人们的器物。在西伯利亚和北美，猎人们狩猎归来，常常发现驻扎地的食物被貂熊盗食，小型用具被盗走或埋在附近，较大件的东西有时被咬破、咬碎。更令人气愤的是，猎人们长途跋涉，辛辛苦苦安装好的捕猎器，常常被它们一个个地毁掉。套中的珍贵毛兽如银狐、黑貂之类，也常被它们吃掉或咬得一文不值，但它们居然能破坏捕猎器而自己从来不入套，所以说貂熊是相当狡猾的一种动物。

貂熊除繁殖期外，大多是单独活动，活动范围很广，溪流、河谷、林地以上的冻土及裸岩都有它们的足迹。貂熊栖息在森林苔原和针叶林中，它们自己不挖洞、不搭窝，常借住熊、狐等动物的洞穴，或者以山坡裂缝及石头的空隙为家，有时又栖身在倒木之下或枯树洞之中，真可谓"四海为家"。

有一种貂熊发现小动物时会立即撒尿，用尿在地上画一个大圈，被圈在其中的动物就像中了魔法，费尽全力也难以逃出"禁圈"。更令人惊奇的是，当貂熊在圈中捕食小动物时。圈外凶猛的豹和狼等，竟也不敢跨入"禁圈"去争夺，因为貂熊尿液的气味使某些动物闻后发晕、发怵，利用尿液保存食物也是貂熊适应环境的独特方式之一。

在自然界中，貂熊几乎没有天敌，它们的肛门附近有发达的臭腺，具有一定的防御功能。当遇到强大的敌害时，它们会向敌人的脸上喷射带有恶臭的肛腺分泌物，使来犯的敌人嗅到后晕头转向，而貂熊则趁机逃之夭夭。

貂熊属于珍贵动物，现存数量极少，已被我国列为一级保护动物。

浣　熊

浣熊属哺乳纲食肉目浣熊科，俗名"金狗""九节狼"。浣熊喜欢在水边活动，个别种类在吃食前还有把食物放在水中洗涤的习惯，走路时的动作非常像熊，故名"浣熊"。浣熊属包括7种动物，模式种浣熊分布于北美洲和中美洲，食蟹浣熊分布于哥斯达黎加至南美洲北部

地区，其余5种分布在世界范围内的各个岛屿上。

浣熊看起来憨态可掬，非常有趣。通常它们体型肥胖，身长40~65厘米，体重5千克左右。头短面宽，颊部呈圆形，有一月牙形白斑，白色的唇就像戴了口罩。体毛富有光泽，背部为红棕色，胸腹及四肢为黑褐色，蓬松的长尾巴上环绕着黄白相间的九道环纹，所以当地老百姓又称它们为"九节狼"。

浣熊喜欢栖息在靠近河流、湖泊或池塘的树林中，它们通常成对或结成家族活动，很少单独活动。浣熊生活在海拔2 000~3 000米的地方，白天隐匿在石洞和树洞中，属于夜行性动物，晨昏活动频繁。它们主要以冷箭竹和大箭竹的叶子为食，也吃树叶、果实、小鸟和鸟卵。浣熊还是优秀的"游泳健将"。

浣熊每年春天发情交配，怀孕4个月后产崽。从出生到1周岁，它们要换3次"服装"：开始是白色，1周后变为深灰，以后就逐渐变得和父母一样了。

浣熊的脸酷似狸，非常惹人怜爱。性情温顺，非常聪明，并且很爱干净，适应环境的能力较强。有时，它们还会走出森林，来到人类生活的都市区觅食。

大 熊 猫

　　大熊猫是世界上最稀有的动物之一，因其骨骼与古时大熊猫的骨骼十分相像，所以它们以"活化石"著称于世。世界自然保护基金会用大熊猫的图像作为会标，说明了它们的稀有性和珍贵性。数百万年以前，大熊猫的生长、繁殖都很旺盛，数量也多。那时，它们广泛分布于我国南方各省，甚至我国北方的河北省，也曾发现过它们的化石，说明当时适合大熊

猫生存的地域相当广阔。

大约200万年以前，在第四纪的更新世，气候巨变，冰川活跃，整个北半球的气温普遍下降。因为遭受到恶劣气候的威胁，中国动物种群的发展经历了变化、分化和迁徙。在更新世的晚期，大熊猫的栖息地普遍缩小，大熊猫的数量也急剧减少。而它们生存的区域也缩减到我国四川省西南部很小的一个范围内，那里高山连绵，高峰林立，深谷密布，气候温暖潮湿。其中也有少量栖息于靠近我国西北部的陕西省和甘肃省的一些地区。这些地区为在冰川时代躲过灾难而幸存下来的数量很少的大熊猫提供了极好的庇护，成为大熊猫分布的极限区。不断恶化的环境，迫使大熊猫处于绝种的边缘，因而引起了全世界人民的关注。

大熊猫主要以竹子为食，食物单调，范围狭窄，有时也吃蜂蜜。而且，它们对所食用的竹子品种也极为挑剔。卧龙自然保护区内生长着各种竹子，但是，大熊猫最喜欢箭竹。它们常常用其后腿站立，把许多生长得较高的竹竿扳倒，然后坐下来，吃竹叶、竹枝和部分竹竿。一只成年的大熊猫，平均每天能吃掉12.5千克的竹竿和竹叶。大熊猫也喜欢吃新生、鲜嫩的竹笋，因为竹笋里含有丰富的蛋白质、维生素和多种微量元素。因此，在竹笋生长的季节，它们每天要吃掉40千克左右的竹笋。

大熊猫没有固定的窝巢。它们通常栖息于陡峭悬崖的崖嘴下面以及铁杉、云杉、冷杉、桦树等树基之下或者树根之下。当然，它们的栖息地也常和箭竹的分布及水源有关系。它们最喜欢的栖息地，总是在海拔1 600~3 000米之间的针阔叶混交林里和亚高山针叶林里。这些地方的山峰上，竹林茂密苜壮，食物充足，河水清澈，没有天敌侵袭，是大熊猫安全的栖息地。只要这些生活必需品充足，它们就会在这个区域内定居下来；否则，它们仍会继续游荡，寻找其他的栖息地。

雌熊猫7岁时才能达到性成熟。它们的发情期一般在

每年的3月中旬至5月中旬，其妊娠期一般为97~163天。在产仔时，雌熊猫会在岩嘴下选择一个岩洞，筑起窝巢。并咬断一些竹竿，在岩洞里铺起一个圆床。幼仔出生后，雌熊猫会用其乳汁进行哺育，并且哺育的任务完全由雌熊猫来完成。

在幼熊猫出生后的3周之内，雌熊猫会用其前腿将幼熊猫抱在怀里，几乎一刻也不让幼仔离开自己的怀抱。从第4周到第7周，雌熊猫带着幼仔走出窝巢，教幼仔如何谋生、照顾自己，包括如何觅食和寻找栖息地。幼熊猫长到3~4个月之后，就能自己行走了。起初，雌熊猫会带着幼熊猫到处觅食，幼熊猫会注意并观察雌熊猫如何觅食。以后，幼熊猫便开始模仿，慢慢地，它们就能自己觅食了。幼熊猫在5~6个月之后，开始吃竹子；8~9个月时，完全断奶；18个月以后，幼熊猫就会离开雌熊猫，独立生活。当遇到异常情况时，雌熊猫会置身于幼熊猫与危险物之间，保护幼熊猫。但是，大熊猫的自卫能力很差，有些雌熊猫在受到天敌袭击时，竟然会丢弃它们的幼仔。野狗、豹和狼，都是大熊猫最危险的天敌。大熊猫还特别怕狗。当它们听到狗的叫声，就会感到特别惊恐，哪怕是闻到狗的气味，也会害怕。

大熊猫的繁殖能力不强，根本原因是其繁殖力退化，或者叫作"遗传缺陷"。它们的产仔率也很低，每3年只产1~2只幼仔，并且自我保护能力也较差。就外部原因而言，其栖息地遭到破坏，由于竹子枯萎而引起的饥饿，天敌和疾病对其的伤害，都是大熊猫数量减少的致命原因。这些不利条件，使大熊猫处于绝种的边缘。

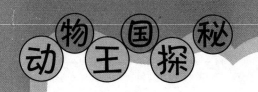
小 熊 猫

小熊猫主要生活在海拔1 600~3 800米的混交林和竹林等高山丛林之中,夜晚栖居在溪流和山泉附近的利用枯树洞或岩洞所筑成的巢穴中。常结成4~5只的小群活动,既怕酷热又怕严寒,因此夏季多在阴坡有溪流的河谷地带活动,冬季则会转移到向阳的山坡居住,降大雪以后还会到人类居住的村庄附近的灌木丛中活动,没有冬眠习性。

小熊猫的体表非常鲜艳光亮,这种体色在其所栖息的景色绚丽纷繁的森林环境中起到了鱼目混珠的效果,是一种天然的保护色,天敌一般难以发现。另一方面,厚实的皮毛对热的传导能力较低,所以它们皮毛的保温能力较好,使它们在温度较低的高山地区也能维持正常的体温。小熊猫的体表还分布有很多黑色的皮毛,有利于吸收太阳光的热量,这些都是它们对高寒环境生活的适应。

小熊猫多在清晨和傍晚出来觅食,在这两次觅食活动的高潮之后,它们都要进行4个小时左右较长时间的休息。此外,在觅食活动期间,它们也会频繁地进行短暂的休息,每次休息的时间通常在2小时以内。这样,它们能有足够的精力去仔细

地选择竹叶,解决食物营养低和消化能力有限的问题。

小熊猫常见的进食姿势是坐下来用前掌将食物握着吃,主要食物是冷箭竹和大箭竹的叶子、竹笋,偶尔也吃其他植物的根、茎、嫩叶、嫩芽、野果以及小鸟、鸟卵、昆虫、小兽、蜂蜜等,尤其喜欢吃带有甜味的食物。

小灵猫

小灵猫分布于泰国、越南、印度、缅甸、马来西亚、斯里兰卡、不丹和印度尼西亚的爪哇、苏门答腊、巴厘等地，我国淮河流域、长江流域以南的华中、华南和西南的各省区也有分布。小灵猫共分化为大约8~11个亚种，我国分布有4个亚种。

小灵猫体长55~61厘米，体重2~6千克，尾长30~43厘米。体毛呈乳黄、灰棕色或赭黄色，并且会随季节的更替而有所变化，冬季斑纹模糊，夏季斑纹清晰。体侧分布着黑色斑点，背部有6~8条深色的纵纹，眼睛、耳朵的背面都呈黑褐色。颈侧至前肩有两条黑纹，四肢为黑褐色，尾巴为棕灰色，有6~8个较窄的黑白相间的环状斑纹，尾基的1~2个环纹及尾端的两个环纹一般在尾下不愈合。雄兽肛门两侧的臭腺比较发达，当受到刺激时，常会分泌臭液。

小灵猫生活在热带、亚热带、暖温带的山区、丘陵和农耕地，通常栖息在山林以及灌木丛生的地区。它们更能适应凉爽的气候，喜欢独自生活，常居住在石隙、树洞、灌木丛、土穴中，有时还会在墓穴、仓库、桥墩下居住。它们白天休息，夜晚活动，以黄昏后到午夜之前的这段时间最为活跃。小灵猫的听觉和视觉都很灵敏，善于攀爬树木，但以在地面上或小溪边的活动为主。小灵猫为杂食性动物，以小

鸟、蛇、蛙、昆虫及果实、种子、树根等为食。

　　每年的2～4月是小灵猫的繁殖期，在此期间，它们常会发出"咯咯、咯咯咯"的叫声。雌兽的怀孕期为2.5～4个月，每胎产1～5仔。初生的幼仔体长20～25厘米，体重75～92克，不能睁眼，但能爬动，毛色为暗褐色，斑纹不明显。哺乳期约为3个月，1.5～2岁时达到性成熟，寿命一般为10～12年。

　　小灵猫的香膏最初为黄色，分泌不久就会氧化，并且色泽会变深，最后变成褐色。香膏稍具糯米及麝香的气息，是制作药物和香料的原料，能宣窍、行气、止痛，有兴奋和镇痛的作用，药用价值很高。由此小灵猫也遭到人类的大肆捕杀，目前急需得到有力的保护。

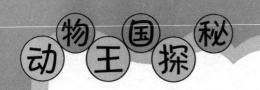
穿山甲

穿山甲，因为善于挖洞，并且身披盔甲，所以被人们称为"穿山甲"。它们有7个品种，集中分布在亚洲南部和非洲，我国只有1种，分布在长江以南各地，被列为国家二类保护动物。

穿山甲白天蜷缩在洞内，夜里才会出来活动，并且也只在洞穴周围活动觅食。它们既会打洞，又会游泳，也会爬树，但胆子却很小。它们的样子看上去很威武，其实御敌本领不强，性格也不活泼，行动迟缓，一有动静，或是有敌害来袭，就会立刻挖洞藏身。如果来不及躲避，它们就会把身体蜷缩成一团，一动不动，用坚硬的"铠甲"来保护自己。这一招对付动物还可以，但对想要猎捕它们的人类来说，却是适得其反。

穿山甲是一种以黑、白蚁为主食的哺乳动物。它们的听觉、视觉都特别差，可是它们的嗅觉却非常灵敏。穿山甲就是靠它们灵敏的嗅觉来发现蚁巢的。它们的舌头又细又长，伸缩自如，觅食时，它们会伸出黏腻的长舌，舔食蚂蚁。一只成年的穿山甲的胃能容纳500克白蚁，偶尔也吃一些胡蜂、蜜蜂等昆虫的幼虫。一只穿山甲能保护250多亩山林不受白蚁的危害，因此，人们都称它们为"森林卫士"。由于穿山甲世世代代以蚁类为食，因此，它们的牙齿都退化了，只好借助于胃中的角质膜和吞进去的小砂粒来磨碎食物。

穿山甲善于挖洞，用前肢挖、后肢刨，速度非常快，每小时的掘土量，相当于它们自身的体重。它们的洞穴主要有两种：一种是夏洞，洞内隧道长30多厘米。夏季雨水多、天气热，它们就会搬到通风凉爽、较高的山坡上居住，既凉快又不会遭受雨水的冲刷；一种是冬洞，长达10多米，并与几个白蚁的蚁穴相通，作为越冬的贮备粮仓。冬天它们就会到背风向阳的坡上栖息。

穿山甲的鳞片可供药用，性微寒、味咸，有消肿、活血通经等功效，对痈肿、瘰疬、乳汁不通、经闭腹痛、症结痞块等症有较好的疗效。

鳄蜥

鳄蜥又叫"睡蛇""雷公蜥""瑶山鳄蜥""懒蛇"。鳄蜥在地理上的分布极为特殊，产于广西大瑶山一带，故又名"瑶山鳄蜥"。一直以来，鳄蜥被认为仅分布于广西大瑶山地区。20世纪80年代，人们在广西东部又发现了鳄蜥的分布区。2001年，我国科学家在粤北的韶关市曲江区罗坑镇省级自然保护区考察时发现了鳄蜥。

鳄蜥体长15~30厘米，体重50~100克，尾长23厘米左右。头部较高，头部及体形与蜥蜴相似。颈部以下的部分，特别是侧扁的尾巴，既有棱嵴状的鳞片，又有许多黑色的宽横纹，再加上其外表和扬子鳄很像，所以被称为"鳄蜥"。它们除了具有一般蜥蜴的特征外，还有一些原始性，如头骨为古颚形，具顶眼孔等，有非常高的科学研究价值。

鳄蜥全身呈橄榄褐色，侧面颜色较淡，染有桃红或橘黄色，并夹杂有黑斑，背部至尾巴的端部有暗色的横纹。鳄蜥腹面为乳白色，其边缘为粉红色或橘黄色。头部前端较尖，后部为方形，略呈四棱锥形，顶部平坦，平铺着不明显的细鳞，靠近吻端的鳞片较大，颅项部的中央有一个明显的乳白色小点，称为"颅顶眼"。口宽大，

咽部有喉头。颌的边缘密布有同型细齿。舌肥厚，前端为黑色，呈浅叉状。眼睛中等大小，头侧的颈沟前方有明显的鼓膜。

鳄蜥通常在晨昏出来觅食，主要以蝌蚪、小鱼、幼蛙、蠕虫等为食。当它们看到食物时，会一边窥伺着猎物，一边悄悄地匍匐前进，慢慢接近猎物，然后猛然向前口将猎物咬住，再慢慢将其吞食。不论大小鳄蜥，在吃饱肚子后都会静伏不动。一般雄性较活泼凶恶，雌性较迟钝温驯。

鳄蜥喜欢生活在山川中溪流缓慢的聚水坑、灌木丛生的湿地。它们夜间栖息在树枝上，闭上眼睑，终夜寸步不移，即使是白天也常如此，所以当地群众称它们为"大睡蛇"。如果用手或树枝轻轻触摸它们，它们并不会有任何反应。若它们突然遭受惊扰，就会立即跃入水中潜藏在岩石上或洞穴里。因此，当地人形象地称其为"落水狗"或"潜水狗"。

鳄蜥从冬眠中苏醒后，不久就会进入繁殖期。鳄蜥每年繁殖1次，雌、雄在7-8月交配，常在水中进行。雌蜥受孕后活动逐渐减少，等到来年的4~5月，气温达到20℃~24℃时，雌蜥才会苏醒并开始产仔，每次产仔2~8只，在1~2天内产完，幼蜥需4年才能长成成熟的个体。

鳄蜥是一种古老的爬行动物，有"活化石"之称，属濒危物种，为国家一级保护野生动物。鳄蜥在动物学上具有重大的研究价值，但由于受到人类的生产生活范围不断扩大等因素的影响，其野生种群的数量在急剧下降，急需得到相应的保护。

蟒 蛇

蟒蛇主要分布在我国贵州、云南、福建、海南等地，在国外分布于印度等地区，现已被列为我国一级保护动物。蟒蛇身躯粗大，属于无毒蛇。其全身覆盖着细小的鳞片，身体背面为褐色至黄色，中间有一列棕红色，有黑边，近似多边形的大斑块，两侧各有一列较小的斑块镶嵌排列。腹面呈黄白色，有少数黑褐色斑点。其头颈部的分区比较明显，头部较小，吻部扁且钝，有唇窝。眼小，瞳孔直立，为椭圆形。蟒蛇的肛孔两侧有一对似爪状的角质构造，是退化了的后肢的痕迹。这种后肢虽不能用来行走，但还能自由活动。可见蟒是由爬行类动物演化而来，在进化史上要比其他蛇类古老。

蟒蛇的模样凶狠可怕，毒蛇见到它们都不敢靠近。但其实它们性情温和，并不伤人，是一种能驯化的动物。虽然蟒蛇的体型庞大，但隐伏在树上时不易被发现。它们的腹径看起来不粗，但其实能吞下比它们腹径大很多的大型动物。

蟒蛇常在夜间活动，主要以鸟、鼠、兔、羊、鹿等中小型脊椎动物为食。蟒蛇搜捕猎物有两样宝物：一是它们唇鳞上的热敏系统。这是它们猎食的指南针，通过热敏感受器能觉察出鸟或兽类等恒温动物所在的方位；另一个宝物是它们口部，可以感受到空气中微粒的振动，因此它们往往能立即察觉出动物的活动。蟒蛇的肌力极为强大，行动特别迅速。尤其在扑向猎物时，蟒蛇快如射箭，一般动物很难逃脱。蟒蛇在捕食时，会先把猎物缠住，使其窒死，然后再吞入腹中。

蟒蛇一般10天左右才会进食一次，在进食以后它们的行动会不如进食前灵活。秋天到来时，蟒蛇会更加频繁地进食，到了天气寒冷的时候，蟒蛇体内已经储存了大量的能量，这些能量足以使其度过寒冷而漫长的冬季。春天到来，万物复苏，蟒蛇的冬眠期也就结束了，这时，它们就会开始外出活动。

蟒蛇大多生活在山区的森林中，属于热带动物，所

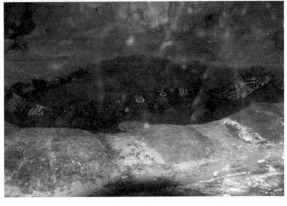

以喜热怕冷。与大多数蛇类一样，蟒蛇是巨大的独居动物，它们没有什么社会性活动，只有在交尾和产仔时几条相同种类的蟒蛇才会聚到一起。

每年的4~6月是蟒蛇的繁殖期。母蟒一次可以产卵30多个，卵的重量在75~100克左右，和鸭蛋差不多大小，呈白色。卵壳不像常见的鸡蛋、鸭蛋的壳那么硬，而是又软又有韧性。卵分层排列，像一个小丘，然后，母蟒会将身体盘曲起来把卵围住，开始孵化。蟒蛇的孵化期大约需要2个月，在这期间它不吃不喝，耐心等待着小蟒的出世。小蟒从破壳到爬出蛋壳需要1天左右的时间。小蟒刚出壳时才长0.5米左右，出壳后就会离去并开始独自生活。

草原、荒漠珍奇动物

雪　兔

　　雪兔现残存于欧洲北部、俄罗斯、蒙古和日本北海道等地，在我国则分布于黑龙江、内蒙古东北部和新疆北部一带。雪兔体型比普通的家兔略大，体长45～54厘米，尾长5～6.5厘米，体重2～5.5千克。雪兔的鼻腔很大，下门齿长而坚固。雪兔的体毛在夏季时为淡栗褐色，颌、腹部及四肢内侧为纯白色；冬季全身呈雪白色，体侧的毛长达5厘米。雪兔的耳朵比家兔短，眼睛很大，位于头的两侧，尾短而宽，略呈圆形。雪兔的腿肌发达有力，前腿较短，有5趾，后腿较长，有4趾，脚下的毛多而蓬松，适于跳跃前进。

　　雪兔栖息于寒温带或亚寒带针叶林区沼泽地的边缘、河谷的柳树丛、芦苇丛及白杨林中，是寒带和亚寒带森林的代表性动物之一。它们白天隐藏在洞穴中，清晨、黄昏及夜里出来活动，巢穴并不固定。雪兔性情狡猾而机警，行动并没有一定的规律，活动时通常会先竖耳静听再决定去向，离窝前会制造假象迷惑天敌，以免窝巢被天敌发现。它们的嗅觉十分灵敏，巢穴通常都在略通风的地方，睡觉时鼻子朝上，以便随时嗅到随风飘来的天敌气味，两只耳朵也在警惕地倾听周围的动静。雪兔善于跳跃和爬山，快跑时一跃可达3米多远，时速为50千米左右，是世界上跑得最快的野生动物之一。

　　雪兔是典型的草食性动物，以草本植物及树木的嫩叶、嫩枝为食，冬季还会啃食树皮。取食的时候细嚼慢咽，一般不喝水。它们的粪便有2种：一种是圆形的硬粪便，是一边吃草一边排出来的；另一种是由盲肠富集了大量维生素和蛋白质并由胶膜裹着的软粪便，常常在休息时排出，这时它们就会将嘴伸到尾下将粪便接住，再重新吃掉，以充分利用其中比普通粪便中多4~5倍的维生素和蛋白质等营养物质。

雪兔性情温和，然而一到3~5月的交配季节，它们就会一反常态，不再像平时那样谨慎而隐蔽，而是变得异常活跃，整天东奔西窜寻找配偶。为了获得雌兔的青睐，雄兔常常欢蹦乱跳，并在跳跃时做出各种怪诞的动作，这就是谚语中所说的"狂若三月之野兔"。

雪兔一年繁殖2~3胎，怀孕期约为50天，每胎可产2~10仔，以2~5仔居多。初生幼仔身体表面长有浓密的毛发，体重90~120克，与家兔不同，它们出生后就能睁开眼睛，20天后就可以开始独立生活，9~11个月就能成年，寿命一般为10~13年。

雪兔跑路时不会留下气味

雪兔比别的动物更容易避开狐狸和狼的跟踪，这应该感谢它们脚下的"冰鞋"。"冰鞋"使它们在松软的雪地上奔跑时，几乎不会留下任何痕迹。如果雪兔从光滑坚硬的地面上跑过，不仅毫无踪迹，而且一点气味都不会留下。原来，雪兔在跑步时不是用脚掌接触地面，而是用脚掌下的硬鬃毛，和脚掌比起来，硬鬃毛自然不会留下什么气味。

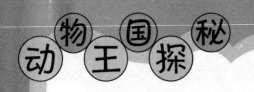

马　鹿

马鹿是大型鹿类，因体型似骏马而得名。在国外主要分布于欧洲南部和中部、北美洲、非洲北部、亚洲的北部和喜马拉雅山地区，在我国则分布于黑龙江、辽宁、内蒙古呼和浩特、宁夏贺兰山等地。马鹿体长1.6~2.5厘米，尾长12~15厘米，肩高约1.5米，体重一般为150~250千克，雌鹿的体型相对较小。夏季时，它们的毛较短，没有绒毛，一般为赤褐色，故有"赤鹿"之称；冬毛厚密，有绒毛，毛色棕灰。头与面部较长，耳大，呈圆锥形，鼻端裸露，其两侧和唇部为纯褐色。颈部较长，四肢也很长。尾巴较短，蹄子很大。马鹿的角很大，只有雄鹿才有，而且体重越大的个体，角也越大。

马鹿的分布范围较广，其栖息的环境也有很多种。东北马鹿栖息于海拔不高、范围较大的针阔叶混交林、林间草地或溪谷沿岸林地；白臀马鹿则主要栖息于海拔

3 500～5 000米的高山灌木丛草甸及冷杉林边缘；塔里木马鹿则栖息于罗布泊地区西部有水源的干旱灌木丛、胡杨林与疏林草地等环境中。马鹿还会随着季节和地理条件的不同而经常变换生活环境。在选择生存环境的各种要素中，水源和食物的丰富程

度、隐蔽条件是最重要的指标。它们特别喜欢草地、灌木丛等环境，因为那里不仅有利于隐蔽，而且水源和食物都比较充足。

马鹿常在白天活动，以黎明前后的活动最为频繁，主要以灌木、乔木和草本植物为食，夏天有时还会到沼泽和浅水中进行水浴。平时常单独或成小群活动，群体

成员包括雌鹿和幼仔，成年雄鹿则离群独居，或几只一起结伴活动。马鹿在自然界里的天敌有豹、豺、熊、狼、猞猁等猛兽，但由于它们性情机警，奔跑迅速，听觉和嗅觉灵敏，而且

体大力强，又有巨角作为武器，所以它们的自我保护能力是比较强的。

马鹿的发情期集中在每年的9～10月，此时雄鹿很少采食，常用蹄子扒土，并用长角顶撞树干，将树皮撞破或者折断小树，并且会发出吼叫声。雄鹿之间在争夺配偶时，常会发生激烈的斗争，有时会折断双角，甚至会给身体造成很严重的创伤。

雌鹿的妊娠期为225～262天，通常每胎产1仔。初生的幼仔体毛呈黄褐色，有白色斑点，体重10～12千克，在刚出生的2～3天内，很少活动。马鹿3～4岁时达到性成熟，寿命一般为16～18年。

马鹿的鹿茸叫"青茸"，价格昂贵。但由于人类对马鹿幼仔的过量猎捕及其栖息地的丧失，马鹿的生存逐渐产生危机，尤其是新疆塔里木的野生种群已经由15 000只下降到了4 000～5 000只；阿尔泰马鹿已由20世纪70年代的10万只下降到4万只左右；野生天山马鹿则正以每年3 000只左右的速度锐减。如果以这样的速度递减下去，野生马鹿很快就会绝迹于伊犁河谷。

白唇鹿

　　白唇鹿又名"白鼻鹿""黄鹿""岩鹿"，其唇的周围和下颌为白色，故而得名。

　　白唇鹿体长1.55~1.9米，肩高1.2~1.45米，臀高1.15~1.35米，站立时，其肩部略高于臀部。白唇鹿耳长而尖。雄鹿有茸角，一般有5个叉，个别老年雄体可达6叉，眉枝与次枝的距离较远，次枝长，主枝略侧扁。因其角叉的分叉处特别宽扁，也被称为"扁角鹿"。雌鹿无角，鼻端裸露，上下嘴唇、鼻端四周及下颌终年为纯白色。臀部有淡黄色斑块。

冬季，白唇鹿身上的毛较厚，毛略粗且有一定弹性，通体呈现一致的枯黄褐色，胸腹及四肢内侧为乳白或棕白色，四肢下端为棕黄浅褐色，臀部斑点为黄白色；夏季，毛被薄而致密，通体色调多变异，有褐棕色、灰褐色或灰棕色等，臀部斑点为棕色或黄棕色。

白唇鹿喜群居，除交配季节外，雌、雄成体均分群活动，终年漫游于一定范围的山麓、平原、开阔的沟谷及山岭间。主要在晨、昏活动，白天大部分时间均卧伏于僻静的地方休息、反刍。当它们受到惊吓时，雄鹿会往高处跑，而雌鹿则往低处跑。

白唇鹿的繁殖期在每年的9~10月，雄性间有激烈的争偶格斗，经常有茸角被碰断的现象。孕期约8个月，一般于来年的5~6月产仔。每胎产1仔，幼鹿身上有白斑。3~4岁达到性成熟，寿命约为20年。

白唇鹿是高寒地区典型的山地动物，药用价值传遍天下，不仅它们的肉可食，皮能制革，而且它们的鹿茸、鹿筋、鹿尾、鹿胎、鹿心、鹿血和鹿鞭都是名贵的药材。白唇鹿是我国特产的珍贵动物，已被列为国家一级保护野生动物。

麋鹿

　　人们形容一个东西做得很不到位时，常会用"四不像"这个形容词。其实，"四不像"是一种动物的名字，这种动物就是麋鹿。那么，为什么麋鹿会被称为"四不像"呢？那是因为麋鹿的角像鹿角而它们不是鹿，颈像驼颈而它们不是骆驼，尾像驴尾而它们不是驴，蹄像牛蹄而它们不是牛。

　　先看它们的角。麋鹿中只有雄鹿长角，雌鹿没有角。雄鹿的角乍一看似乎跟鹿角差不多，可两相对比之后我们就会发现，这两者之间存在着明显的不同。麋鹿的角没有眉叉；主干离头部一段距离后分为前后两枝，而且前枝较短，后枝较长；角的表面长着很多分叉。

　　再看颈部。人们很容易在这里找到骆驼的影子：粗壮、灵活、有力。可它们没有骆驼的脖颈那么长，而且雄麋鹿的头颈下还长有长毛。

说到麋鹿的尾巴，看起来的确很像驴尾，但却没有驴尾那么粗。雄麋鹿的尾巴倒是比驴尾长，可以一直垂到踝关节下边。

最后看麋鹿的蹄，和牛蹄很像，但却没有牛蹄壮。

麋鹿早先大多分布在中国，主要是在东部草原，尤其是长江和黄河流域下游的沼泽地区。现在主要分布在北京、江苏、湖北三个麋鹿自然保护区内，属于濒危物种，也是我国一级保护动物。

麋鹿体长2~2.5米，重140~250千克，喜欢生活在森林或水草繁茂的沼泽地带。其实从它们的蹄掌就可以看出它们这一生活习性。麋鹿的脚有四个蹄，中间一对主蹄粗大，似牛蹄，两侧的蹄较小，可以与主蹄形成一块很大的受力面。这种脚蹄很适合在森林和沼泽地带行走。

麋鹿的外表看起来比较温顺，可雄麋鹿在发情期可不是这么"温文尔雅"。它们不仅极易发生争斗，而且常常会拼个你死我活。

麋鹿的繁殖期在每年的5~8月，雌鹿的怀孕期为270天左右，是鹿类中怀孕期最长的。一般在第二年的4~5月产仔。初生幼仔的体重约为12千克，毛色橘红并有白斑，6~8周后白斑消失，出生3个月后，体重将达到70千克。2岁时达到性成熟，雄性小鹿2岁长角分叉，6岁叉角发育完全，寿命一般为25岁。麋鹿在冬天换角，这一点跟很多动物都不一样，麋鹿角具有相当高的药用价值。

梅花鹿

　　梅花鹿是亚洲东部的特产种类，在国外见于俄罗斯东部、朝鲜和日本，过去曾广泛分布于中国各地，但现在仅残存于吉林、内蒙古中部、江西北部、安徽南部、浙江西部、广西、四川等几个有限的区域内，我国台湾地区分布有一个特有的亚种。梅花鹿身长1.7米，肩高1.3米，体重100~120千克，常在林边、靠近河流和小溪的灌木丛中及草地上游荡。在不同的季节，它们的毛色是不一样的：夏季呈红褐色，冬季呈暗褐色，且背部点缀有椭圆形的白斑。

　　梅花鹿是群居动物。通常母鹿与其幼鹿生活在一起，而公鹿则单独生活。它们没有固定的巢穴，常在它们喜欢的地方栖息。夏季，它们常在草地、沼泽地或灌木丛中游荡，以嫩绿的树叶和青草为食，有时也偷吃农田里水稻和苞米的幼苗。冬季，它们居住在靠近陡峭悬崖的地方，以干草和干树叶为食。

梅花鹿的奔跑速度很快，视力十分敏锐，能及时发现敌情，并会从天敌跟前立即跑开，飞奔而去。梅花鹿每秒钟能跑20多米。受惊时，能从4～5米宽的河流上一跃而过。当受猎人或天敌追击时，它们能连续奔跑数十里，跃过山谷和河流，将大多数追击者抛在后面，然后，当追击者放弃追击时，它们就会沿着同一条路线上它们的脚印，安全地返回栖息地。

秋季是公鹿们为争夺配偶而与其情敌们互相争斗的季节，它们会用鹿角与其情敌拼死搏斗。母鹿们则站在一旁，观望公鹿们的斗争。在反复紧张地搏斗之后，最强壮的公鹿终于击败了它的情敌。这时，一群母鹿就会来到满身是泥的获胜者跟前，从头到脚地亲吻它，表

达对获胜者的爱慕之情。被击败的公鹿们，则离开这群鹿，站在附近的小山顶上，以嫉妒和失望的神情，观望着获胜者与它的"妻子"们。

每年的8～10月是梅花鹿的繁殖期，妊娠期为230天左右，在第二年的5～6月份产仔，一般每胎仅产1仔，也有少数为2仔。产下的幼仔体毛呈黄褐色，也有白色的斑点，几个小时后就能站立起来，第二天就能跟随雌鹿跑动。梅花鹿哺乳期一般为2～3个月，4个月后幼仔便能长到10千克左右，1.5～3岁时达到性成熟，寿命约为20年。

梅花鹿属濒危物种，为我国一级保护动物。

野 牛

　　野牛俗名"印度野牛""亚洲野牛""野黄牛""白袜子""白肢野牛",其体毛大都为棕褐色、黑色,四肢膝盖以下的毛为白色,故得名"白袜子"。野牛体型巨大,体长在2米左右,体重约为1 500千克。两角粗大而尖锐呈弧形。头额上部有一块白色的斑。亚洲野牛是世界上现生野牛中体型最大的种类,栖息于热带、亚热带的山地阔叶林、针阔叶混交林、竹林或稀树草原。

　　野牛常会结成小群在森林中活动,通常每10余头为一群。一般在晨昏活动,也有的在夜间活动，白天则在阴凉处休息。野牛的嗅觉和听觉极其灵敏，性情凶猛，遇见敌害时毫不畏惧。发现人类接近，就会迅速逃走。野牛以各种树叶、草、树皮、嫩枝、竹叶、竹笋等为食。

亚洲野牛是世界上现生野牛中体型最大的种类。在森林中，几乎没有动物可以伤害到它们。

大多数野牛在2~5岁时达到性成熟，每年9~12月开始繁殖，此时公牛变得异常凶猛，两头公牛之间经常为争偶发生格斗。在格斗中，双方以坚硬的角作为武器，互相剧烈撞击，并发出极大的吼叫声，声音可以传到1千米以外。母牛的孕期一般为9个月左右，每胎产1仔，幼仔出生15天后便能跟随群体活动，到出生后的第二年夏季才断奶。野牛的寿命一般为15~30年。

近年来，由于其栖息地遭到破坏，以及人类的大肆猎捕，导致其数量急剧下降，野牛属于我国一级保护动物。

高鼻羚羊

　　高鼻羚羊又叫"大鼻羚羊""赛加羚羊"，是非常珍贵的一种羚羊，主要分布在我国新疆北部地区。体长90~144厘米，体高63~83厘米，尾长7~8厘米，雄兽体重37~60千克，雌兽较小，为29~37千克。夏季毛短，呈淡棕黄色，由颈部沿着脊柱到尾基有一条深褐色的背中线，腹部为白色；冬季毛长而密，全身几乎都是白色。雄兽的颈部、喉部和胸前都长有长毛，好似胡须一般。雄兽也有细长的角，但没有藏羚羊的角长，角基本竖直，角尖稍向前弯，略呈钩状，上面有11~13个棱状环节。角呈琥珀色的半透明状，质地坚硬，不易折断。

　　高鼻羚羊头大而粗，脸部较长，眼大，眼眶突出，耳短，呈圆形。它们的鼻子非常特殊，鼻端大，鼻中间有槽，鼻腔肿胀鼓起，比藏羚羊鼻子的膨胀程度要大得多，有很多褶皱，而且整个鼻子延长，稍似象鼻那样形成管状下垂，鼻腔中有很多鼻

毛，两个鼻孔朝下，口也向下，这样可以起到温暖和湿润空气的作用，还能防止风沙进入。高鼻羚羊的尾巴特别短，四肢较细，但强健有力，不过它们在站立或行走时的姿态比较特殊，头部低垂，颈向前伸，就像在弯腰一样。

　　高鼻羚羊通常栖息在草原、灌木丛和荒漠地区，一般会结成小群活动。主要以禾本科的各种草类和灌木等植物为食。在它们所吃的植物中，有一些是家畜不喜欢吃的植物，其中常含有毒物质和盐分，但它们却能够将其消化和分解。吃含水较多的植物时，它们还可以较长时间不饮水。在极其干旱的情况下，它们会结群去寻找水源。冬季，它们能挖食埋在厚雪层下，富含蛋白质和脂肪的艾属植物。高鼻羚羊喜欢结群游荡，有季节性的南北迁徙现象。它们的嗅觉十分灵敏，听觉和视觉也很发达。平时走路有低头的习惯，受惊时一步能跳出6米多远，奔跑的速度也很快。

　　高鼻羚羊在秋季发情交配，雄兽占有一定的领域，通常与5～15只雌兽结成小群，形成"一夫多妻"的繁殖群。其间，如果其他雄兽侵入其领域，便会发生激烈的格斗，甚至会造成死亡。雌兽的怀孕期为139～152天，每胎产1～2仔，偶尔产3仔。幼仔初生时重3 500克左右，哺乳期约为2个月。高鼻羚羊1～2岁时达到性成熟，寿命一般为10～12年。

犀　牛

　　犀牛，准确地说应该叫"犀"。其实，犀除了外表有点像牛，它们与牛的关系并不密切，反而与马的亲缘关系更近。现存的犀科动物共有5种，其中亚洲分布有3种：印度犀、苏门答腊犀、爪哇犀；非洲分布有2种：白犀、黑犀。动物园中常见的有白犀、黑犀及印度犀。

　　犀的身体比较笨重，头部庞大，全身长有厚皮，四肢如短柱般粗壮，吻部上面长有单角或双角。犀的性情温和，一般情况下不会主动向人类发起攻击。犀的头脑比较迟钝，视力很差，但嗅觉和听觉非常敏锐。犀一般都是单独生活（除白犀结成小群生活），它们主要在傍晚、夜间和清晨活动，白天在茂密的丛林或草丛中休息，并且其栖息地一般都靠近水源。它们还喜欢在泥水和多沙的河床中跋涉和打滚,这样既能解暑,又能防蚊虫叮咬。犀喜欢在固定的地方排便,还经常用角在粪堆周围掘出沟。这些粪堆相当于它们领地的标记。它们还会在一些地方排尿和蹭上气味,以标出地界。

在非洲,有一种叫作"牛椋"的小鸟,经常伴随在犀左右,是犀忠实的朋友。这些小鸟经常会站在它们身上,啄食犀身上的寄生虫和它们行走时踢起来的昆虫;另一方面,这些小鸟还起着"哨兵"的作用,稍有异常它们就会鸣叫着飞离犀的身体,使视力不佳的犀及时得到"警报"。

在5种犀之中,非洲的黑犀与白犀和亚洲的苏门答腊犀生有双角,印度犀和爪哇犀是独角。犀的数量曾经有很多,分布范围也比现在广泛。犀角是名贵的药材,价格昂贵,同时也可以用来雕刻成各种精美的工艺品。这也是犀被大量捕杀的原因之一,再加上栖息地被大肆破坏,犀的数量急剧下降,目前非洲的2种犀共计约2万头,亚洲的3种犀共约2 000头,是世界濒危物种之一。

骆　驼

骆驼素有"沙漠之舟"的美称。当它们在高温、缺水的沙漠中行进时，能长达20天滴水不进，甚至当失水达到体重的30%时，也能照常行进。骆驼脱水后，其恢复速度也非常惊人，

仅需10~20分钟，一次性饮水可达100升之多。

　　骆驼在历史上曾经分布于世界上的很多地方，但至今仅在蒙古西部的阿塔山及我国西北一带有少量分布，这些地区都是大片的沙漠和戈壁等"不毛之地"，不仅干旱缺水，而且夏天酷热，最高气温达55℃，砾石和流沙的温度可达71℃~82℃，冬季极其寒冷，寒流袭来时，气温可下降到零下40℃，常常狂风大作，飞沙走石。恶劣的生活环境，却使骆驼练就了一身非凡的本领，也培养了它们极强的适应能力，使它们具备了许多其他动物所没有的特殊生理机能，不仅能够耐饥、耐渴，也能耐寒、耐热、耐风沙。

　　骆驼一般结成群体生活，夏季多以家庭为单位散居，到秋季开始结成5~6只或20只左右的群体，有时甚至达到百只以上。在沙漠中行走时，成年骆驼走在前面和后面，小骆驼则排在中间，并常常沿着几条固定的路线觅食和饮水，称为"骆

驼小道"。野骆驼善于奔跑，行动敏捷，反应迅速，性格机警，嗅觉非常灵敏，有人认为它们就是靠嗅觉在沙漠中找到水源的，也有可能是凭借特有的遗传记忆。

每年的1~3月是野骆驼的繁殖季节，雌性每2年繁殖一次，怀孕期为12~14个月，到第二年的3~4月生产，每胎产1仔。幼仔出生后2小时便能站立，当天便能跟随双亲行走，1年以后才会和双亲分离。骆驼的寿命一般为35~40年。

极地珍奇动物

北 极 熊

北极熊又叫"白熊"，是熊类中体型较大的一种，仅次于阿拉斯加棕熊，是陆地上最大的肉食性动物之一。北极熊主要分布于北极附近的欧亚大陆和北美洲大陆最北部的沿海地区和北冰洋中

的大部分岛屿，包括冰岛、挪威、芬兰、格陵兰、俄罗斯、丹麦、美国、加拿大等国家和地区。

北极熊体长2.2~3米，体重500~800千克，肩高1.2~1.6厘米，尾长7~13厘米，最大的北极熊体长可达3.4米，体重可达1 002千克。北极熊全身的毛长而厚密，冬季呈乳白色，其他季节为淡黄白色，只有鼻子是黑色的，毛皮含油量较高，几乎不透水，皮下还有一层很厚的脂肪，有较好的保暖作用，并且在冰雪环境中能起到很好的伪装作用。

北极熊的外表雍容华贵，身体呈流线型，头部、吻部和颈部比其他熊类显得

细而长。头小而扁，眼睛内部有一层特殊的眼睑，使其在强烈的冰雪阳光下不致炫目。上颌有2对臼齿，牙齿十分锋利，适于吃肉但不适于吃植物和掘洞。耳朵圆而短小，尾巴很短，这些都是为了减少身体的表面积，以保持适宜的体温。北极熊四肢粗壮，均具5趾，趾端具黑爪。足掌肥大具蹼，前半部侧面有长带状的裸出部，后半部有2个圆球状裸出部。掌下生有多而密的毛，能够防止脚爪冻在冰上，在冰雪上行走时也不至于滑倒，并且可以悄无声息地蹑行到海豹等猎物的身旁。

北极熊经常在海岸、岛屿上及河口一带活动，或随着大块的浮冰到处漂移，秋季会乘着水流南下，冰融化后就会游回北部，但很少深入大陆，因为它们的食物主要来源于海洋。

大约在25万年前，熊类家族的一个分支在长期的进化过程中逐渐适应了环境，成为北极地区无可争议的代表性动物。北极是地球上最荒凉、最寒冷的地区：漫长的冬天，太阳从不出现在地平线上；短暂的夏天里，太阳几乎是转瞬即逝。北极熊是非常耐寒的动物，在-70℃～-60℃的气温下仍能正常生活，既不畏风雪吹打，也不怕冰水浸泡。夏季较为强烈的光线，几乎为北极熊的身体提供了四分之一的能量。冬天，它们还可以依靠体内厚厚的脂肪过冬。它们的全身就像一具完美无缺、绝妙无比的日光换能器，能驱返可见光，截留紫外线光。其毛发完全透明、中空，根根毛发从其内表面将可见的日光反射出来，故而通体雪白。同时，又如滤光器

般地截获住紫外线光，将其辐射热顺着毛发传导至肌肉，经吸收而保持体温，难怪它们全身的皮肤都漆黑如墨了。它们的皮毛可以从各个方向吸收阳光，而皮肤在采暖的同时，其外层却只朝一个方向散热，所以其温度与身体周围的温度相差无几而失热甚微。北极熊毛、皮的两大功能与集热二极管的原理和功能十分相似。

北 极 狐

北极狐属犬科，被人们誉为"雪地精灵"。北极狐颌面狭小，吻尖，耳圆，尾毛蓬松，尖端呈白色。北极狐主要以旅鼠为食，当遇到旅鼠时，它们就会极其迅速地跳起来，然后猛扑过去将旅鼠按在地下，并很快将它们吞到肚子里。有趣的是，当北极狐闻到在窝里的旅鼠气味和听到旅鼠的尖叫声时，它们会迅速地挖掘位于雪下面的旅鼠窝，等到

挖得差不多时，北极狐就会突然高高跳起，借着跃起的力量，用腿将雪做的鼠窝压塌，将一窝旅鼠一网打尽，并逐个吃掉。

北极狐身上长有又长又软且厚厚的绒毛，即使气温降到−45℃，它们仍然能生活得很舒坦，可见其适应环境的能力是极强的。

北极狐的皮毛相当昂贵，达官显贵、腰缠万贯的人们以身着狐皮大衣而倍感荣耀。狐皮的品质也有好坏之分，越往北，皮毛的质量越好，而且更加柔软，价值更高，因此，北极狐自然就成了人们竞相猎捕的对象。

北 极 狼

北极狼生活在北极地区的森林里，皮毛雪白，体长为1~1.4米，尾长30~48厘米，一只北极狼一天能吞食约10千克肉，在食物缺少的情况下，它们也会吃腐肉。北极狼过着群居的生活，主要猎物是更大的食草动物，如驯鹿等。北极狼的社会性很强，通常20~30只结成一个种群，由一只雄性和一只雌性共同领导。狼的家庭观念也很强，实行一夫一妻制，夫妻共同哺育幼崽。

凡是群居的动物，都有一定的组织性。在一个群体中，领头的往往是一只最强壮的雄狼，并由它来组织和指导捕猎，其余的狼都会按照它的命令行事。它们往往会选择一头弱小或年老的驯鹿或麝牛作为猎取的目标，先从不同的方向进行包抄，然后再慢慢接近，一旦时机成熟，领头的狼就会下令开始进攻。当然，猎物到手后，也是头狼最先享用。

种群中一般还有一只最强壮的雌狼，它自然就是头狼的"夫人"。尽管头狼有权享有种群中所有的雌狼。但那只强壮的雌狼却不准其他雌狼与头狼交配，也不允许其他雌狼与别的雄狼交配。这样一来，交配与繁殖后代就总是在种群中最强壮的这两只雌、雄狼之间进行，这或许就是狼群的"优生优育"吧！这样做的结果，必然会造成幼狼数目的减少，因此在一群北极狼中，往往只有一窝幼仔。可是，一旦遇到特殊情况，

比如狼遭到过度捕杀，或者是栖息地遭到严重破坏等，这时狼群中的雄狼就可以与雌狼自由交配，每一只狼都会找到配偶，每头雌狼每年都能产下一窝幼仔，狼群的数量很快就能得到恢复。

北极狼虽然是凶狠的肉食性动物，但对自己的后代却十分温柔。幼狼出生后，雌狼会细心地照料它们。雌狼一胎产4～7只幼崽。初生的小狼以母乳为食，稍大后，雌狼就会将肉咬碎来喂哺它们，再大一点，雌狼还会耐心地教授幼狼捕猎的技巧。2～3年后，幼狼就会离开父母，独立生活。

企 鹅

企鹅是南极的主人。它们的身体呈流线型，站在那里，就像身穿白衬衣、黑燕尾服的绅士，所以又有"南极绅士"之称。

和鸵鸟一样，企鹅是一种不会飞的海鸟，人称"海洋之舟"。虽然现在的企鹅不能飞，但根据化石显示的资料，最早的企鹅是具有飞翔能力的。直到65万年以前，它们的翅膀才慢慢演化成能够下水游泳的鳍肢，也就是我们现在所看到的企鹅。

别看企鹅从来不在天空中飞翔，但它们在陆地和水中的生活时间却是各占一半，并且它们还是游泳高手。企鹅的前肢都已经退化成了游泳的鳍状肢，而且鳍肢上面的羽毛几乎是鱼鳞状的。在陆上行走时，它们的行动比较笨拙，脚掌着地，身体直立，主要依靠尾巴和翅膀维持平衡。遇到紧急情况时，它们能够迅速卧倒，舒展双翅，在冰雪上匍匐前进。有时还可以在冰雪的悬崖、斜坡上，用尾和翅掌握方向，迅速滑行。企鹅游泳的速度十分惊人，成年企鹅的游泳时速为20～30千米，比万吨巨轮的速度还要快，甚至可以超过速度最快的捕鲸船。企鹅跳水的本领可以与世界跳水冠军相媲美，它们能跳出水面2米多高，并且能从冰山或冰上腾空而起，跃入水中，潜入水底。因

此，企鹅被称为"游泳健将"，是跳水和潜水的能手。

企鹅在求偶时也十分有趣。公企鹅会捡拾小石头放到母企鹅面前，只有当母企鹅接受后，它们才会进行配对。母企鹅产蛋后，一般由公企鹅负责孵化。企鹅的自我防卫能力不强，所以为了抵御海豹等天敌的侵袭，企鹅选择在南极最寒冷的冬季来产卵和孵蛋。在南极的寒冬，即使是重0.5千克的新鲜企鹅蛋，只要它处在露天的情况下，几分钟后就会变成石头。在这样恶劣的环境里，企鹅是怎样孵蛋的呢？原来雄企鹅会把蛋小心谨慎地放在自己有脚蹼的脚背上，避免企鹅蛋直接与冰面接触，并用厚厚的肚皮将其盖住。在2个月的孵化期内，雄企鹅会停止进食，完全靠体内存储的脂肪来维持生命，即使其体重减少三分之一也在所不惜。

目前，企鹅有6个不同的种类。其中，阿德利企鹅是最知名的企鹅。王企鹅则是最大型也是最漂亮的企鹅。最小的企鹅是小蓝企鹅，体长仅1.2米。

海 象

　　海象因其口旁长着一对长75～96厘米的獠牙，与大象相似而得名。主要生活在北极海域，算得上是北极特产动物。海象獠牙的长度可达3.6米，其身体庞大，体长3～4米，重达1 300千克左右。海象皮厚而多皱，有稀疏的刚毛，头小，眼也小，视力较差，皮色灰而毛粗短。海象的皮下约有10厘米厚的脂肪层，能耐寒保温。海象在陆地上时与在海水中的皮肤颜色不一样，在陆上由于血管受热膨胀，呈棕红色。在水中，血管冷缩，将血从皮下脂肪层挤出，以增强对海水的隔热能力，因而呈白色。

海象的巨大獠牙可以用来破冰、登岸、掘沙觅食和御敌，还能用来在海象群中建立支配地位。海象喜欢群居，当它们群栖海岸时，群中拥有最长獠牙的最大个体便可以成为最主要的统治者，它们只要简单地摆一个姿势，露出大的獠牙，就可以在群中找到最舒适的位置，其他个体就会纷纷让开。若遇上对手，就难免一战，它们会用獠牙示威或刺对方，最后，失败者只得退却走开。这种角逐在雌、雄海象间也屡有发生，而在生殖季节雄性间的争斗最为强烈。獠牙还被用作海象的第五只脚，当它们往冰上爬时，会先将獠牙刺在冰上，再将身体往上拉。所以，18世纪的动物学家称它们是"用牙齿行走的动物"。

海象的嗅觉和听觉十分灵敏，当它们在睡觉时，会有一只海象在四周巡逻放哨，遇到情况就会发出公牛般的叫声，以便将酣睡中的海象叫醒，迅速逃离。海象的躯体笨重，可是行动起来非常敏捷，能在波涛汹涌的嶙峋岩石间游来游去，还能横渡几百千米的海峡！

海象的繁殖率极低，每2～3年才产一头小海象。孕期在12个月左右，哺乳期为1年。刚出生的小海象体长仅1.2米左右，重约50千克，身上长满了棕色的绒毛，有助于它们抵御严寒。在哺乳期，母海象常用前肢抱着自己的孩子，有时还让小海象骑在自己的背上，以确保其安全健康地生长。即使在断奶后，由于幼兽的牙尚未发育完全，不能独自获得足够的食物和抵抗来犯的敌人，所以它们还要和母海象一起生活3～4年。当小海象的牙长到10厘米以上之后，才开始走上独立生活的道路。

海 豹

　　作为鳍脚目动物的一员，海豹的外形非常适宜在水中生活。它们的身体表面极其光滑，身上没有明显的突起或凹陷，甚至连外耳也没有。

　　海豹的身体呈纺锤形，体重80~450千克，头部圆而平滑，颈部不明显，眼睛很大，视力很好，听觉、嗅觉也很灵敏。它们的身体肥胖浑圆，头尾两端渐小，显得非常憨厚可爱，同时，这种体型非常适合在水中快速地游泳或潜入水底觅食。

它们的体色斑驳，多数海豹灰黑色的身体上分布有灰棕色或灰色的斑点、条纹或斑块。它们的毛很稀疏，针毛短密，但是足以抵御强风和严寒。海豹的皮下脂

肪层很厚，不仅可以抵御严寒，而且还与皮肤结成一层柔软层，能够在快速前进的时候对水中产生的"涡流"起缓冲作用，这样就大大减少了海豹游泳时受到的阻力。

海豹的鼻孔和耳孔都有肌肉性的活动瓣膜，当它们潜入到水下时，这些活动瓣膜就会关闭，能有效防止海水的侵入。

海豹的上唇生有很多触须，毛的囊部，有三叉神经的分支通入。所以，它们的感觉非常灵敏。海豹的四肢较小，可以说只剩下了手和脚。前后脚都演化成了短短的鳍足，前肢短小，而且长有毛，后肢大而且呈扇形，与尾巴相连。它们的后鳍肢在陆地上很少使用，但在水中却是主要的推进器。

海豹的游泳技术比其他动物高超得多，它们的游泳时速为22～28千米，最高时速可达37千米。在水中，它们的两只后脚紧紧靠拢，竖立起来，并始终向后伸，就像潜水员的两只脚蹼，也像鱼的尾鳍，游起泳来，两只脚在水中左右摆动，推动身体快速前进，游得非常轻松自如。

海豹不仅有突出的游泳本领，而且还有很强的潜水能力，能够潜到水下500多米的深处，仅次于鲸类的下潜深度。

在海豹聚居的海域，我们常可以看到它们将头探出水面，不断地左右张望。其实这是海豹警觉性的体现，也是他们进行呼吸、透气的需要。

海豹的皮质坚韧，可以用来做帽子、衣服、皮鞋和皮包等。海豹皮下的脂肪很厚，可以用来提炼油脂，既可以点灯，又可以制肥皂。过去，因纽特人以及早期的辽宁省复县、长兴岛、武岛等地的居民点灯用的全是海豹油。海豹肉的营养价值很高，是因纽特人的主要食物。海豹的肠衣是制作提琴和吉他琴弦的最佳材料，其肝脏中含有丰富的维生素，是价值很高的滋补品，所以海豹一直是人们猎捕的对象。

每年春天，当海豹离水上岸时，不少国家都用装备良好的船只远涉重洋来到南极猎捕海豹。被猎捕最多的是食蟹海豹，其次是威德尔海豹。当捕猎队在岸上或小岛上发现海豹的栖息地后，就像发现金矿一样，并会立即进行疯狂的捕杀。在19世纪初，仅一个季节就从南佐治亚岛获得了112 000张海豹皮。由于这种毫无节制的滥捕，导致海豹数量锐减。为了保护南极海豹资源，国际上成立了南极海豹保护协会，并将南极划分为6个猎捕区，当1个猎捕区开放时，其余5个都会受到保护。海豹的寿命为30年，属于我国二级保护动物。

高原珍奇动物 ：:::

野牦牛

　　野牦牛是我国青藏高原地区的特有物种，又称"牦牛"、"嫠牛"或"髦牛"。野牦牛体型大而粗壮，体长2.4~3米，体重可达500千克，肩高1.6~1.8米。野牦牛雌雄都长角，颈下没有肉垂，肩部中央有凸起的肉块，四肢粗短，蹄甲坚硬，除了吻端有一块白色毛之外，通体都呈黑褐色，夏天时，其毛呈深乌褐色，冬天时，其毛褐中带黄。颈、胸、腹部及尾部毛长而丰厚，尾毛下垂至足踵部，腹部毛长可达0.7米，是它们防雨雪、爬卧冰雪的防寒铺褥。

　　野牦牛是善于登山的真正的高山动物，野牦牛生活在青藏高原上海拔4 000~6 000米的寒冷、高寒地带，那里空气稀薄，植被贫乏，道路崎岖，常年生活在如此恶劣的环境中，其耐劳、耐寒、耐饥渴等方面的能力堪称世间罕有。

地形险峻是考验高山动物的一种特殊的环境条件，只有像牦牛这样真正典型的高山动物才能到其他动物都不能到达的崇山峻岭去生活。高山有蹄类动物长期适应这种生活环境，四肢尤为强健，蹄大而坚固，蹄的前端狭窄而锐利，侧面和前面往往长有坚硬突起的边缘，在峭壁上行走时能起到"抓"的作用，同时侧蹄也比较发达，脚掌后面有一个突起的部分，当动物沿峭壁向下滑动时，可以使身体停住或减缓下滑的速度。牦牛在山间行走偶然失足时，头上的坚角可以保护头部，减缓冲力。

高山、高原上气压低，空气稀薄，空气中含氧量低，这是限制其他动物和人类在那里生存的主要因素。但是，牦牛却能适应高原上的低气压环境，因为它们血液中的血红素和红细胞的含量较多，能提供给它们充足的氧气。

野牦牛的妊娠期在每年的8～9月，每胎产1仔，幼兽长到2岁时达到性成熟。野牦牛群对幼崽极为爱护，雄兽将雌兽和幼崽围在牛群里面，不让它们跑开，以免发生危险。野牦牛的嗅觉十分敏锐，不易被人捕获。

藏羚羊

藏羚羊栖息于海拔4 600~6 000米的荒漠高原草甸、高原草原等环境中，尤其喜欢在靠近水源的平坦草滩生活。性情胆怯，常隐藏在岩穴中，或者会在较为平坦的地方挖掘一个小浅坑，将整个身子隐藏其中，只露出头部，既可以躲避风沙，又可以随时观察周围的环境。藏羚羊常在早晨和黄昏时分出来活动，并多结成3~5只或者10只左右的小群，到溪边觅食。逃逸时雄兽在前，其余的成员依次跟随，秩序井然。它们的鼻腔很宽大，有利于呼吸，所以能在空气稀薄的高原上奔跑，时速可达180千米，常使狼等食肉兽类望而兴叹。另外，当狼突然逼近的时候，藏羚羊群体往往并不四散奔逃，而是聚在一

起，低着头，以长角为武器与狼对峙，也常常使狼无从下手。

冬末春初是藏羚羊的交配季节，雌兽于每年的5~6月生产，每胎产1仔。

20世纪初，外国探险家曾到过可可西里，当时在几千米的距离内一次就能看到成千上万只野生藏羚羊，最大的一群藏羚羊竟达2万多只。然而，现在这种景象再也见不到了，每个藏羚羊群体一般只有数百只，最多也不超过3 000只，可可西里野生藏羚羊的数量在10年内就下降了三分之二。成群结队的盗猎者携带枪支，开着卡车对藏羚羊进行围捕，一道道车辙在人迹罕至的无人区轧出一条条畅通的大道，然

后装满了成百上千张藏羚羊皮扬长而去。被剥了皮的藏羚羊尸横遍野,与被丢弃的汽油桶形成了一幅幅惨不忍睹的屠杀场面,亘古荒原上留下了人类贪欲的丑恶痕迹。

藏羚羊被猎杀后,藏羚羊绒首先就会被大量走私到尼泊尔、印度、克什米尔等国家和地区。据印度官方提供的数据,仅1992年一年内就有约4 400只藏羚羊被猎杀,而实际上每年被猎杀的藏羚羊远远不止数

千只。1992年以来,仅青海省就查获了80多起有关猎杀藏羚羊的重大和特大案件,收缴藏羚羊皮近万张。人类对藏羚羊滥捕滥杀的例子不胜枚举,而如今,这一物种也正处在灭绝的边缘,急需我们加大保护力度,以使其走出灭亡的险境。

珍奇鸟类

极乐鸟

极乐鸟这个名称是怎么来的呢？相传在16世纪，欧洲人初次见到这种珍奇美丽的鸟类标本时，根本不知道它的产地和名称，甚至还以为是"天国"的鸟类飞下凡尘，于是给它们取名为"极乐世界之鸟"，现在简称"极乐鸟"。极乐鸟因其羽毛鲜艳无比，体态华丽绝美，又被称为"天堂鸟""女神鸟""太阳鸟"等，是世界上著名的观赏鸟。

长尾极乐鸟是极乐鸟中最名贵的种类，它们的雄鸟彩羽披身，尾羽就像两根长长的飘带，有各种颜色，十分美丽。在大多数鸟类中，只有雄性鸟才有着令人惊叹的羽毛，而且那本是用来吸引雌性的，极乐鸟也不例外。

极乐鸟的种类很多，它们的彩羽新奇，舞姿也各不相同。通常生活在热带的深山密林中，以昆虫、植物的果实为食，雌鸟用草叶、树枝、苔藓植物、鸟羽等在树上

筑巢产卵，每次只产1枚卵。极乐鸟栖息在热带的深山密林中，其中珍贵的顶羽极乐鸟、带尾极乐鸟、蓝羽极乐鸟和镰嘴极乐鸟等是巴布亚新几内亚的特产。

顶羽极乐鸟的头上有两根长达60厘米的顶羽，超过体长近2倍，就像一位扎着长辫的姑娘。有趣的是，它们两根顶羽的颜色和结构并不对称，一根呈褐色，另一根长着蓝色光滑的细绒毛。

带尾极乐鸟全长约76厘米，体羽呈栗色，双翅下各有一簇金黄色的绒羽，当风起时绒羽竖起，形成金光灿烂的两把扇面，极像孔雀开屏。

镰嘴极乐鸟的嘴像一把约长9厘米的镰刀，通常栖息在海拔2 000米左右的高山上，雄鸟有正副翅膀，它们的副翅在向雌鸟展示自己时才会张开，以显示自己的英姿。

世世代代以来，巴布亚新几内亚人一直用极乐鸟的羽毛做举行仪式时用的头饰。而为了得到极乐鸟的羽毛，人们开始大量捕杀这种色彩艳丽、被认为是来自天堂的极乐鸟，甚至开始出口它们的羽毛。极乐鸟从而遭到了过度捕杀，现在已濒临灭绝。

白 鹇

白鹇主要分布在我国长江以南各省以及泰国北部、缅甸东部等地。雄鸟体长100~119厘米，雌鸟体长58~67厘米。雄鸟羽毛的颜色不同于其他雉类的绚丽华美，而是一身银装素裹。它们的头上具有长而厚密、状如发丝的黑色羽冠，并披在头后。脸部裸出，呈鲜红色，整个下体都是乌黑色，上体和身体后面有长长的尾羽，洁白的衬底上密布着细细的"V"字形黑纹。尤为别致的是，尾羽上的黑纹越向后越小，并逐渐消失，犹如一位能工巧匠在银锭上雕刻而成，又好像条条白色的"哈达"在飘飞。雌鸟羽冠呈现黑褐色，脸部裸出，呈鲜红色，体羽都是橄榄褐色，胸部

以下缀有黑色虫蠹状斑纹，虹膜为橙黄色或红褐色，嘴角为绿色，腿、脚为红色。

白鹇主要栖息在海拔2 000米以下的亚热带常绿阔叶林中，常集群生活，每群由几只到十几只不等，冬季多达几十只甚至上百只，由一只强壮的雄鸟和若干成年

的雌鸟、不太强壮或年龄不大的雄鸟以及幼鸟组成，群体内有着严格的等级关系。在春季繁殖期之前，雄鸟之间总会发生激烈的争斗。黄昏时，它们会在林中的树枝上栖息，首先会伸长脖颈，四下张望，然后扑动翅膀，飞到树杈上停稳。有时一个群体会栖息在同一个树枝上相互靠拢并排成一条直线，次日清晨才会再飞到地上活动。

白鹇属杂食性动物，主要以悬钩子、椎栗、百香果等植物的幼芽、嫩叶、花、茎、浆果、种子以及根和苔藓等为食，兼食蚂蚁、蝗虫、蚯蚓等动物性食物。

白鹇的繁殖期在每年的4~6月间。雄鸟在求偶炫耀时，通常会从雌鸟的右后方朝其左前方绕圈，当行至雌鸟一侧和雌鸟并行或接近并行时，会不断左右摆尾，动作缓慢但幅度较大，然后再继续向前方走动，绕过雌鸟头前并从右侧走开，站在离雌鸟2~3米远的地方不动，过1~2分钟后再重复绕圈一次，共需重复6~7次。有时雄鸟还在雌鸟近旁做快速连续不断的蹲下、站起等动作或伸展双翅做高频率、小幅度的激烈振翅动作，称为"打蓬"。白鹇每窝产卵4~8枚，卵的颜色为棕褐色，并且表面分布有白色石灰质斑点，其孵化期为24~26天。

目前，白鹇尚有一定数量，但不同亚种的情况也不一样，有的亚种在局部地区有较高的密度，如广东鼎湖山自然保护区内的种群密度为每平方千米分布有41~44只，但有的亚种却很稀少。白鹇为我国二级保护动物。

双角犀鸟

双角犀鸟在国外分布于泰国、印度、缅甸、马来西亚和印度尼西亚等地，在我国则分布于云南南部的西双版纳、盈江等地。双角犀鸟属大型鸟类，也是我国所产犀鸟中体型最大的一种，体长在

1.2米左右。雄性成鸟长着一个长30厘米左右的大嘴和一个大而宽的盔突，盔突的上面微凹，前缘形成两个角状突起，如同犀牛鼻子上的大角，故而得名。上嘴和盔突顶部均为橙红色，嘴侧为橙黄色，下嘴呈象牙白色。羽毛颜色主要有黑、白两种，极为醒目。尾羽为白色，靠近端部有黑色的带状斑。它们的眼睛上还生有粗长的睫毛，这在其他鸟类中较少见。

双角犀鸟为留鸟，主要栖息在海拔1 500米以下的低山和山脚平原常绿阔叶林中，尤其喜欢在靠近湍急溪流的林中沟谷地带活动。它们通常会成群活动于高大的榕树上，也常常成群飞行，一个接一个地前后鱼贯前进。飞翔时速度不快，姿态也很奇特，头、颈伸得很直，双翅平展，进行几次上下鼓动后，便靠滑翔前进，如同摇橹一般。由于翼下的覆羽未能掩蔽飞羽的基部，所以当它们在飞行时，飞羽之间会发出很大的声响。

双角犀鸟的食量很大，食性也很杂，主要以各种热带植物的果实和种子为食，也吃大的昆虫、爬行类、鼠类等动物性食物。它们的大嘴看起来很笨重，实际上那既是它们的工具也是它们的武器，使用起来非常灵巧，可以轻松自如地采摘

浆果，能轻而易举地剥开坚果，还能得心应手地捕捉鼠类和昆虫。

每年的3~6月是双角犀鸟的繁殖季节，它们大多会将巢筑在森林中的菩提树等高大乔木上的天然树洞，并对其进行加工和修整而成。每窝产卵通常为2枚，少数为1枚或3枚。雌鸟在孵卵期间用自己吃剩下的食物残渣和粪便混合后堆积在洞口，将洞口缩小，同时雄鸟也在外面用它们的大嘴衔泥，

并混合果实、种子和木屑等物质将洞口封闭，仅留一个小孔让雌鸟的嘴端能够伸出来取食雄鸟为它们准备的食物，颇有点"金屋藏娇"的意味。雌鸟在洞中孵卵、育雏，既安全又舒适，不怕风吹日晒，还有利于保护雏鸟，使其免遭猴类、蛇类及猛禽等的袭击。

整个孵卵、育雏期间的食物，全由雄鸟供给。在此期间，雄鸟必须一次又一次地飞到外面觅食，而雌鸟则负责在洞中照顾幼鸟。因此，当繁殖期结束时，雌鸟和雏鸟都长得很肥胖，而雄鸟却累得筋疲力尽，瘦骨嶙峋。

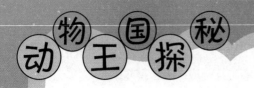
褐马鸡

褐马鸡是中国的一种古代鸟,有300万年的生活史,只栖息在我国华北的山西省和河北省。褐马鸡体长0.8~1米,体重1.4~2.5千克,翅膀很短,不能飞翔,只能从山顶上滑行到山脚下,但它们的腿粗壮有力,所以奔跑的速度很快。由于它们的繁殖率很低,所以数量非常少,而且,由于其栖息地遭到破坏,又遭到偷猎,其数量仍在不断减少。现在,在山西省的两个自然保护区里,只剩下1 000多只褐马鸡了。这个数量,比世界上最稀有的动物——大熊猫的数量稍多一点。因此,它们被认为是现在世界上最稀有的鸟类之一,已被列入国际濒危野生动植物禁止贸易公约,是我国一级保护动物。

褐马鸡全身长满了闪闪发亮的黑褐色羽毛,面孔鲜红,头上长有黑色的羽冠,耳朵周围点缀着长长的银色羽毛。鲜红的腿和长长的下垂的白色尾巴,使它们看起来非常美丽。

褐马鸡性情温顺,但当和天敌及入侵者进行战斗时,它们是非常勇敢的。遇到

天敌,例如狐狸、秃鹫和豹猫,公褐马鸡就会唪唪鸣叫,以通知它们的伙伴,并准备与来犯者战斗,保护其繁殖地。在战斗中,它们从不后退,即使已经筋疲力尽、遍体鳞伤,它们也会坚持战斗。因此,这种鸟被认为是一往无前、不屈不挠精神的象征。据说,中国古代的勇士们,常将这种鸟的羽毛佩戴在他们的头盔上,以鼓舞斗志。

白天,褐马鸡常在灌木丛中悠闲地游荡,夜间则栖息在高高的云杉树或松树上以及云杉林或者松树林中。褐马鸡不挑食,吃的食物种类较多,包括多种植物的根、茎、花和果实,也吃蚂蚁的卵和一些昆虫的幼虫。

褐马鸡的繁殖期在每年的4~5月。公褐马鸡和母褐马鸡会先在森林深处一块非常隐蔽的地方筑起窝巢。母褐马鸡每窝产4~20个蛋,并负责日夜孵蛋,除了每天离开窝巢约30分钟出去寻找食物外,其他时间它们都在孵蛋。经过26~27天或更长的时间,小褐马鸡就被孵化出来了。孵化出来的小褐马鸡,在出生后的第一个月内以松树下面的蚂蚁卵为食。从出生后的第二天开始,小褐马鸡就能跟着它们的父母到处走动了。到了秋季,小褐马鸡便开始独立生活。

为了保护和繁殖这种已处于绝种边缘的珍稀鸟类,人们建立了相应的保护区。保护区里,古树参天,巨树成林,非常适合褐马鸡生存,其数量也在不断上升。

秃鹫

秃鹫又名"狗头鹫""坐山雕",属大型猛禽,分布于非洲西北部,欧洲南部及亚洲中部、南部和东部,其中包括我国的大部分地区。秃鹫体长1~1.2米,体重5.7~9.3千克。头部裸露,仅有黑褐色短绒羽,嘴为黑褐色。颈的后部则完全裸露无羽,呈铅蓝色。颈的基部生有由黑色或淡褐白色长羽簇形成的皱翎。上体从背部到尾下覆羽都是暗褐色,下体也是暗褐色,前胸部有浓密的黑褐色绒羽,两侧各有一束蓬松的长羽,腹部缀有淡色纵纹。秃鹫跗跖和趾为珠灰色或灰白色,爪为黑色。

秃鹫为留鸟,常栖息于低山丘陵及高山荒原与森林中的荒岩草地、山谷溪流和

林缘地带。其通常单独活动，偶尔也结成小群。休息时多站在突出的岩石或者树顶的枯枝上，不善鸣叫。秃鹫主要以大型动物的尸体为食，也吃中小型鸟类、兽类及两栖类和爬行类。

秃鹫的繁殖期在每年的3~5月，它们常将巢建在树木、山坡或悬崖边的岩石上，巢呈盘状，主要由枯树枝构成，里面放有草、叶、树皮、毛、棉花和细的枝条，每窝产卵1枚，卵为污白色，带有红褐色条纹及斑点，由亲鸟轮流孵卵，孵化期为52~55天。

秃鹫的肉具有滋阴补虚的功能，对甲状腺肿大有较好的疗效，因此秃鹫也遭到了人们的大肆捕杀，其数量也因此急剧减少，目前为我国二级保护动物。

啄木鸟

啄木鸟是著名的森林益鸟，它们体型中等，具有对趾型的足，即第二、三趾向前，第一、四趾向后。啄木鸟喙强直尖锐，可以用来凿开树皮，舌细长，能伸缩，并且尖端生有短钩，适于钩食树木内的蛀虫。因此它们整天不停地围着树干转，以寻找树木里的昆虫，只有少数在地上觅食的啄木鸟能像其他雀形目的鸟一样站在水平的树枝上。

多数啄木鸟都以昆虫为食，少数种类也会吃水果和浆果，如吸汁啄木鸟会在某些季节有规律地吸食树的汁液。春天到来的时候，雄啄木鸟会发出响亮的叫声，那是它们在求偶。这些叫声往往会因为树洞的共鸣而显得尤为响亮。在其他季节，啄木鸟则显得特别安静。另外，啄木鸟还有一个有趣的习性，那就是喜欢独居，不过它们偶尔也会成双成对地旅行。

啄木鸟不仅通过啄木觅食，它们在树干中挖洞建巢以及相互通信讯和示威时也会啄木。

有一种帝啄木鸟，又称"白嘴啄木鸟"，产于墨西哥北部。羽毛的颜色黑

白相间, 翅膀和颈部都分布有白色的斑点。它们生活在墨西哥加利福尼亚州的瓜达卢佩岛上, 100多年前, 这里森林繁茂, 岛上随处都能看到它们的身影。

帝啄木鸟飞翔起来的样子非常好看。它们不像其他啄木鸟那样在树洞中筑巢, 而是将巢筑在高大的松树枝杈上, 主要以树表皮下的小昆虫和枯树内的小虫子为食。

19世纪中期以前, 瓜达卢佩岛上人烟稀少, 后来越来越多的人来到这里, 并带来了猫、狗等动物, 彻底打破了帝啄木鸟的平静生活。猫在岛上四处乱窜, 到处捕食鸟类。对于没见过猫的鸟类来说, 它们对猫没有一点躲避意识, 大量的鸟类成了猫的美味佳肴。不仅如此, 猫还爬到树上吃鸟类的蛋和幼鸟, 而与此同时, 人类也常常举起猎枪射杀

鸟类。在猫的残害和人类的枪杀之下, 各种鸟类的数量迅速减少, 帝啄木鸟更是所剩无几。

到了1906年, 人们已经很难再看到帝啄木鸟的身影了。一些动物保护者想捕捉它们, 然后进行人工饲养。然而他们只捕捉到了12只成鸟和6枚卵, 而且不久后, 这12只成鸟也相继死亡。后来人们在1958年发现过3只帝啄木鸟, 这是人类有关帝啄木鸟的最后一次记录。目前, 世界上关于帝啄木鸟的资料只有那12只成鸟和6枚卵的标本。

信天翁

信天翁主要分布在大洋洲、非洲南部和南美洲南部至南极的海洋地带。它们属于巨型海鸟，体长可达1.3米，翼展能够达到3米，可以毫不费力地在强风天气中飞翔。它们会巧妙地利用翱翔节省身体的能量，因此飞行数十或数百千米寻找食

物是常有的事。信天翁常在夜间觅食，主要以鱿鱼和其他头足纲动物为食，吃掉的食物会转化为液态油脂储存在胃里，然后由身体慢慢地消化吸收。

信天翁的成鸟在繁殖期会频繁地发出叫声，彼此以摇头、展翅、两喙相击来展示自己，形成配偶后会一起度过一生。信天翁通常每2年繁殖一次，每次产卵1枚，由双亲共同孵化，孵化期为11周。幼鸟主要吃母鸟吐出的鱼和液态油脂，10个月后飞羽长齐才能独自觅食。它们的羽毛从褐色经过多次换羽变成白色需要10年的时间，然后才进入成熟期。信天翁的寿命一般为30年。

信天翁是一种非常恋海的鸟类，除繁殖季节外，它们几乎从不落地，凭借高超的滑翔本领，自由自在地在海面上飞翔。信天翁不喜欢风平浪静的天气，却偏爱狂风巨浪，因为一旦失去了风，它们就会感到飞行困难，因此风力越大，它们飞行的速度也就越快。有经验的水手都知道，海面上一旦有信天翁出现，肯定不会有好天气。

白 鹳

欧洲白鹳在鸟类分类上是隶属于鸟纲鹳形目鹳科鹳属的鸟类。欧洲白鹳在国外分布于整个欧洲以及亚洲中部、西部和非洲等地。

欧洲白鹳是一种大型涉禽，体型比东方白鹳略小，体长1～1.2米，体重2～4千克。鲜

红色的嘴长直而粗，颈部较长，腿部也很长，为红色。白鹳体羽主要为白色，翅膀为黑色，站在地上时身体前部呈白色，后部呈黑色。飞翔时身体为白色，翅尖和翅的后缘为黑色，红色的脚则远远伸出于尾羽的后面。

欧洲白鹳飞舞的时候姿态非常优美，在地上起飞时要先在地上奔跑一段距离，并用力扇动翅膀，等到获得一定的上升力后才能飞起。欧洲白鹳既能扇动两翅进行鼓翼飞翔，也能利用上升的热气流在高空滑翔，特别是在迁徙期间，其在进行鼓翼飞翔时两翅扇动较慢，显得从容不迫，并常常和滑翔交替进行。

欧洲白鹳的食物主要有蚯蚓、蜥蜴、蝌蚪、蛙、蟾蜍、蛇、

甲壳类动物、软体动物、昆虫及昆虫幼虫，有时也吃鼠类等小型哺乳动物及鸟卵等。常单独或集成小群觅食，在食物丰富的地区也常集成大群觅食。

欧洲白鹳的飞行速度相当令人吃惊，比如在第一次世界大战期间，曾经有在非洲苏丹西部3 300米的上空和死海1 600米的上空滑翔的欧洲白鹳被误认为是敌人的飞机而被击落的事件发生。

从生物习性上看，欧洲白鹳主要在白天觅食，有时也会在有月亮的夜晚觅食，觅食时主要依靠视觉。其觅食的时候身体前倾，头颈向前伸，轻盈而缓慢地大步行走，找到食物后迅速用嘴将其捕获，它们有时也在水中通过触觉探测觅食。欧洲白鹳的繁殖期在每年的3~5月，它们喜欢利用旧巢，通常一个巢能连续使用很多年，每年繁殖的时候仅对其稍加修整和增加一些巢材即可。

欧洲白鹳每窝产卵3~5枚，孵化期为31~34天。雏鸟刚孵出时嘴为黑色，全身有白色的绒羽，3~5岁时长为成熟个体。

由于近年来沼泽排水改为农田、大量施用农药所造成的环境污染以及气候的变化等，致使欧洲白鹳的生存环境逐步恶化，其死亡率也随之上升，数量减少很多。

朱　鹮

朱鹮也叫"朱鹭"，俗名"红鹤"。朱鹮是一种大型涉禽，体长67~69厘米，体重1.4~1.9千克，体态秀美典雅。我国民间把它们看作是吉祥的象征，并称其为"吉祥之鸟"。

朱鹮生活在温带山地森林和丘陵地带，对生存环境的要求较高，习惯在高大的树木上栖息和筑巢，并且喜欢在附近有水田、沼泽以及天敌相对较少的幽静环境中生活。朱鹮主要

以青蛙、小鱼、泥鳅及田螺等水生动物为食。

朱鹮是东亚特有的一种大型的美丽而高雅的鸟。由于它们在当前地球上所有的鸟类中数量最少，所以，在国际上被认为是世界最稀有的鸟类之一，并且已被列为濒危物种。在1960年召开的第12届国际鸟类保护大会上，朱鹮已被确定为"国际保护鸟"。

在200多年以前，朱鹮在中国西部和东北部，特别是在中国东北部黑龙江下游，甚至长江流域以及俄国、朝鲜和日本，都保持着正常的种群数量。在这些地区，朱鹮在松树、杨树和其他高大的树木上筑的窝巢，到处可见。

不幸的是，由于各种不利的条件，特别是人口增长和环境污染，对朱鹮的栖息地造成了严重的破坏，使其栖息地面积大大缩小。到目前为止，在全世界的野外，总共大约只有不到100只朱鹮了，生活在野外的朱鹮，只有在中国西北部的陕西省洋县才能看到。数量如此之少，说明这种鸟已处于绝种的边缘。因此，朱鹮是中国最珍贵稀有的鸟类之一，属于国家一级保护野生动物。

婆欧里鸟

婆欧里鸟主要分布在夏威夷群岛中的第二大岛——毛伊岛的热带雨林中。婆欧里鸟在世界上的数量一直很少，从20世纪70年代中期开始，婆欧里鸟就已经成为珍稀的鸟类了，当时它们的数量大约有几百只。但到了2004年，据专家统计，婆欧里鸟在全世界仅剩下3只——一雄两雌，它们已处于灭绝的边缘。

婆欧里鸟外形亮丽，头部为黑色，脸颊和胸脯为白色，尾巴上还有几条浅红褐色的斑纹。它们的身长只有14厘米左右，看起来小巧玲珑，和蜂雀差不多大小，它们的叫声听起来像水滴声。由于婆欧里鸟的个头小、速度快、行踪隐秘，又喜欢生活在地形陡峭险峻、植被浓密潮湿的热带雨林中，所以我们很难看到它们的踪迹。

婆欧里鸟一般生活在夏威夷自然保护区，面对仅剩下3只婆欧里鸟的严峻局面，人们开展了积极的拯救工作。2004年9月，美国研究人员宣布，已成功捕获了一只雌性婆欧里鸟，接下来就是要捕获还存活着的雄鸟，以完成"圈养繁殖计划"，拯救这种濒危的鸟类。

客观地说，拯救工作是非常艰难的。首先，当地的野猪、野山羊已经将婆欧里鸟赖以生存的自然环境破坏殆尽。其次，即使最终能抓住那只雄性的婆欧里鸟并使其与雌鸟配对，也无法确保繁殖成功。因为这3只鸟至少已有7岁了，超过了最佳的繁殖年龄。如果一旦最后的努力也宣告失败，婆欧里鸟将不得不与其他濒临灭绝的鸟类一样，在不久的将来永远在地球上消失。

遗 鸥

遗鸥是鸥类中被人类发现最晚的种类，故而得名。人类真正认识它们还不到40年。遗鸥体长40厘米左右。嘴和脚都呈暗红色，前额扁平，夏季头部纯黑，就像围着一块黑色的头巾。眼睛后边的上、下方各分布有一个星月形的白斑。其背部、肩部为淡灰色，腰部、尾羽和下体为白色。遗鸥飞翔时翅膀的尖端呈黑色，而且带有白斑。冬季头部变为白色，只是在耳区有一个暗色的斑，非常醒目。另外，其头顶至后颈也有较暗的颜色。现在已经证实的遗鸥繁殖地只有中亚哈萨克斯坦的阿拉库尔湖、俄罗斯的贝加尔湖、蒙古和我国内蒙古地区等少数几个荒漠与半荒漠湖泊地带，数量很少。

遗鸥通常栖息于开阔的平原和荒漠以及半荒漠地带的咸水或淡水湖中。在天气晴好的黄昏，众多外出觅食的遗鸥纷纷归来，在水面上嬉戏，一片喧闹壮观的景象。非繁殖期的个体则自行结群生活在繁殖地以外的其他湖泊中。虽然它们在当地被称为"钓鱼郎子"，但事实上水生昆虫和水生无脊椎动物等才是它们的主要食物。

遗鸥的繁殖期在每年的5~6月，它们通常在湖心的小岛上营建起成片的巢群，巢连着巢，巢与巢之间的距离有时仅为7厘米，主要由枯草构成，里面铺垫有羽毛。

遗鸥每窝产卵2~3枚，也有1枚或4枚的。卵的颜色为白色，带有褐色或黑色斑点。刚出壳的雏鸟体重为50克左右，全身长有浅灰色的绒羽，嘴、脚均为黑色，趾间有蹼。出壳后的第二天，雏鸟就可以行走、

在亲鸟的嘴里啄食，但十分怕冷，常依偎在亲鸟的翅膀下取暖。

据统计，原苏联的繁殖种群数量在2 000对以上，我国内蒙古西部的沙漠湖中发现的繁殖种群约1 200多对，估计目前全球总的种群数量有3 000对左右。为了保护这一珍稀物种，国际鸟类保护委员会已将其列入世界濒危动物红皮书，我国把它们列为一级保护动物。在大量物种的生存受到严重威胁的今天，能够在自然界中发现较大的遗鸥种群是一件非常振奋人心的事情。随着对遗鸥在鄂尔多斯的繁殖群体研究的开展，对这一物种的保护和管理工作也在不断加强和完善。

绿孔雀

我国云南省西双版纳素有"孔雀之乡"的美称。这里的各族人民都把孔雀当作吉祥的象征、幸福的化身。

这里所产的雄孔雀通体呈翠绿色，所以被称为"绿孔雀"，属鸡形目雉科。雄鸟头顶有一簇直立的羽冠，体后拖着一条1米多长的尾屏，华

丽无比。雌鸟无尾屏,背部的羽毛呈浓褐色,略带绿色光泽,没有雄鸟美丽。

　　绿孔雀生性恬静,体态健美,举止优雅,不善远飞,受惊时会疾走逃窜。一般在晨昏觅食,每当旭日东升,晨雾未散时便开始活动,三五成群,雄鸟领先,雌鸟随后,幼鸟在中间,边走边点头伸颈,东张西望。雌鸟会不时"咯咯"鸣叫,呼唤幼鸟,生怕心爱的孩子走失。它们先悄悄来到河边饮水,三五错落,伫立河边,用嘴梳理绚丽的羽毛,然后成群来到林间觅食。主要以浆果为食,也吃草籽、芽苗、稻谷和昆虫。

　　雄鸟舞姿优美,激动时常将尾屏高举展开,支撑在翘起的尾羽上,像一把巨大的扇子,还不时左右摇摆,眼状斑灿烂耀眼,非常漂亮。这就是古今中外被传为美谈的"孔雀开屏"。在春季的求偶交配期,雄鸟一天能开屏4~5次,以博得雌鸟的欢心。雌鸟、幼鸟也能翩翩起舞,虽没有尾屏,不像雄鸟的舞姿那般优美,却也婆娑动人。

　　绿孔雀是驰名中外的珍贵鸟类,数量稀少,被列为国家二级保护野生动物,严

禁捕杀。

在云南的西双版纳和德宏州，还有另外一种珍禽——孔雀雉。它们和一般的雉差不多大小，身体的前半部很像雉，但后半部和尾羽有美丽的眼状斑，很像孔雀。它们生活在山林和竹林间，以虫类为食，数量稀少，属于国家一级保护野生动物。

响蜜䴕

在现代文明社会中，人们主要靠发达的养蜂业来生产生活所需要的蜂蜜。而在非洲的一些原始部落里，土著人却靠猎取野蜂蜂巢来获取蜂蜜。这种猎蜜活动不知延续了多少代，反正土著人从来不愁没有优质的蜂蜜食用。可是，在茂密的原始森林里，野蜂的蜂巢大多建在高大的树上或中空的树干里，

很难被人发现，但只要土著人出猎就会有收获，这不得不令人惊奇。很多到非洲探索或考察的人都对此大惑不解，难道土著人有什么特异功能吗？

鸟类学家赫伯特·弗雷德曼首先揭开了上述秘密。他在非洲的一些地区考察时，发现土著人猎蜜时并不是直接走到森林里去寻找蜂巢，而是先走进林中侧耳倾听。不一会儿，就会有一只小鸟高声鸣叫着飞出密林，并在猎人的头顶盘旋。这只小鸟身上的羽毛是灰绿色的，体型和燕子差不多，叫声尖利。猎蜜的土著人一见到它就喜笑颜开。小鸟在猎人的头顶上盘旋一会儿后就"叽、叽"地叫着向密林深处飞去，这时土著人就会快步跟上小鸟。小鸟似乎是专门为土著人做向导的，还不时停下来，鸣叫着引导土著人跟上自己。有时，它还会飞到迟疑不前的土著人的头顶上转圈，仿佛在催促土著人赶快上路。就这样，小鸟带着土著人行走1~2千米后，就会停止鸣叫，开始在林间无声地飞着小圈。小鸟飞了几圈后就会落在一棵树

上。这时，如果土著人没有反应，小鸟就会再飞起来。飞上几圈后，小鸟又会落在原来那棵树上。终于，土著人明白了小鸟的意思，他开始在树上搜索，果然，他很快就发现了一个野蜂蜂巢，蜂蜜就这样被找到了。一个蜂巢中大约有7千克蜂蜜，够土著人享用3~4天。每当猎蜜结束，土著人是不会忘记小鸟向导的，他会把找到的蜂蜜留一些给小鸟以示感谢。

　　弗雷德曼发现的这种具有非凡向导本领的鸟就是响蜜䴕。事实上，人们很早就知道了响蜜䴕的带路本领。不过，在弗雷德曼以前，人们只知道响蜜䴕会给蜜獾带路。蜜獾跟野猪差不多大小，嘴端有很长的吻。它们的腿和爪很强健，在热带森林中专以蜂类为食，响蜜䴕也喜欢吃蜂蜜、蜂卵等，但它们的嘴很短，爪也不够发达，无法在蜂巢中采食。不过，响蜜䴕却非常善于发现蜂巢，它们懂得将自己的长处和其他生物的长处结合起来，真是一种聪明的鸟呀！